KB023832

양자역학

쫌 아는 —✦10대

과학
쫌 아는
십 대
16

양자역학 쫌 아는 10대

일상 어디에나 있는 아주 작고 이상한 양자의 세계

초판 1쇄 발행 2023년 5월 10일
초판 3쇄 발행 2024년 9월 2일

지은이 고재현
그린이 이혜원
펴낸이 홍석
이사 홍성우
인문편집부장 박월
책임 편집 박주혜
편집 조준태
디자인 이혜원
마케팅 이송희, 김민경
제작 홍보람
관리 최우리, 정원경, 조영행,

펴낸곳 도서출판 풀빛
등록 1979년 3월 6일 제2021-000055호
주소 07547 서울특별시 강서구 양천로 583 우림블루나인 A동 21층 2110호
전화 02-363-5995(영업), 02-364-0844(편집)
팩스 070-4275-0445
홈페이지 www.pulbit.co.kr
전자우편 inmun@pulbit.co.kr

ISBN 979-11-6172-875-9 44420
979-11-6172-727-1 44080 (세트)

양자역학 좀 아는 10대

일상 어디에나 있는
아주 작고 이상한 양자의 세계

고재현 글 | 이혜원 그림

풀빛

원자의 세계,
이상한 나라로의 여행

혹시 이런 상상을 해 본 적 있니? 주변의 사물은 그대로인데 내 몸이 한없이 작아지는 상상 말이야. 난 어렸을 때 가끔 이런 상상을 즐겼단다. 세상은 모두 원자로 되어 있다는데, 내가 끝도 없이 작아지면 세상이 어떻게 보일까? 먼지 위에 올라탈 정도로, 바이러스가 친구처럼 보일 정도로, 그리고 원자가 내 주변에서 흡사 열기구처럼 둥둥 떠다닐 정도로 내 몸이 작아진다면 말이야. 원자핵보다 더 작아진다면 도대체 어떤 풍경이 펼쳐질까?

이런 상상을 모티브로 한 영화도 있지. 영화 〈앤트맨〉을 보면 '핌 입자'라는 신기한 입자의 도움으로 몸 크기를 자유자재로 바꿀 수 있는 주인공이 나와. 영화의 끝부분에서 그는 어린 딸을 살리기 위해 자신의 크기를 계속 줄이며 악당의 슈트 속으로 들어가 악행을 막아내. 그리고 한없이 줄어들며 세상과 연결된 끈이 사라져 가는 미시의 세계, 즉 양자의 세계로 진입해. 그 이상한 세계에서 정신을 차리고 자기 자신을 가다듬게 한 건 결국 가족, 특히 딸에 대한 사랑이었어.

하지만 나는 이런 질문을 던져 보고 싶어. 사랑하는 이를 바라보며 뺨을 만지고 물건을 들어 올리며 그걸 툭툭 건드릴 수 있는 나의 감각과 행동이 어디까지 유효한 걸까? 내가 원자 크기로 줄어들어도 여전히 원자들을 구슬처럼 다룰 수 있는 것일까? 거기서도 난 보고 만질 수 있고 일상생활에서 하듯이 마음대로 행동할 수 있을까? 바로 여기에 대한 답을 주는 학문이 있단다. 이 책이 다루는 양자역학이야.

뭐, 답이 궁금하다고? 너 성격이 참 급하구나. 그 답을 천천히 찾아 나가는 과정이 바로 이 책과 함께 하는 여행이야. 그러니 너무 조급하게 생각하지 마. 하지만 이것만은 지금 바로 얘기해 줄 수 있어. 원자의 세계, 미시 세계는 우리의 상상력을 뛰어넘는 이상한 세계야. 우리가 가진 감각과 사고방식으로는 도저히 이해하기 힘든 영역이지. 이에 비하면 동화 〈이상한 나라의 앨리스〉에서 앨리스가 탐험했다는 이상한 나라는 약과에 불과해. 도대체 얼마나 이상하냐고? 그걸 구체적으로 알아보는 건 차차 하도록 하고, 여기선 그저 적절한 비유를 써서 양자의 세계를 한번 소개해 볼게. 이제부터 정신 똑바로 차리고 양자 세계에서 펼쳐지는 이상한 얘기를 들어 봐.

이상해도
너무 이상한

자, 나는 지금부터 너를 양자의 세계에 사는 입자로 대할 거야. 음, 일단 '양자돌이'라 이름을 붙일게. 괜찮지? 너의 정체는 원자라 생각해도 되고, 원자를 구성하는 전자라고 생각해도 상관없어. 나는 너에게 관심이 아주 많아. 그래서 양자의 세계에 사는 너를 자세히 조사해 보고 싶단다. 머리카락 굵기의 백만 분의 일 혹은 그보다도 더 작은 입자인 너를 내가 과연 제대로 조사할 수 있을까? 일단 조사할 수 있다고 가정하고, 이제 양자의 세계 속에서 네가 만들어나가는 이상한 풍경들을 그려 보자.

저기 벽이 하나 있어. '양자돌이'라는 이름표를 단 네가 그 벽을 향해 정신없이 뛰어가고 있어. 벽에 부딪히면 큰일이 날 것 같아서 난 너를 향해 "조심해!"라고 외치지만, 넌 들은 척도 하지 않고 벽을 향해 무시무시한 속도로 돌진해. 네가 벽에 부딪히려는 순간, 난 눈을 찔끔 감아 버렸지. 잠시 후 살짝 눈을 뜬 내 앞에는 도저히 믿기지 않는 장면이 기다리고 있어. 네가 그 벽을 통과해 반대편에 서 있는 거야! 그것도 멀쩡하게! 어떻게 그런 일이 가능하지? 순간 네가 유령이 아닌지 의심을 했지. 그래도 네가 또 그런 위험한 행동을 할까 봐 나는 너를 움푹 파인 우물 속에 가두어 보호하기로 결정했어. 우물 속에 있는 네가 안전하길 바라면서 말이야. 네가 어떻게 지내는지 궁금해서 우물 속을 확인하던 나는 다시 소스라치게 놀라. 매번 확인할 때마다 너의 위치가 달라지는 거야! 게다가 어떤 땐 네가 우물 바닥에 서 있는 게 아니라 우물의 벽 속에서 발견되었단다. 벽 속이라니!

어때, 너를 모델로 해서 양자 세계를 묘사한 장면들을 읽어 본 소감이? 어처구니가 없다고? 당연해. 우리의 일상에서 도대체 누가 유령처럼 장애물을 그대로 통과하고 벽 속에서 발견될 수 있겠니? 그런 건 호수 위에서 넓게 퍼져나가다가 만난 바위를 돌아가는 물결과 같은 파동 밖에 없어. 내가 너를 어딘가에 존재하는 물체(입자)이자 사방에 퍼져 있는 파동이라고 얘기하면 다들 미쳤다고 할 거야.

장애물(벽)을 마음대로 통과하는 양자돌이

그렇지만 이런 말도 안 되는 소리들이 양자 세계에서는 다 말이 된단다. 원자의 세계, 분자의 세계는 그처럼 이해하기 힘들고 이상하면서 신기한 세계야.

어쩌면 우리가 살아가는 이 세상, 이 언어, 이 감각으로 양자의 세계를 설명하려는 것 자체가 문제인지도 모르겠다. 우린 어떤 방향으로 어떻게 던지면 그 공이 어디로 날아간다는 걸 정확히 아는 세상에 살고 있어. 그런 커다란 물체의 운동을 기술하는 개념과 언어를 원자와 전자, 분자처럼 작은 세계에 그대로 적용하려는 것 자체가 무리라는 생각이 들지는 않니? 그래서 과학자들은 원자의 세계를 기술할 수 있는 학문 체계를 만들 수밖에 없었지. 그게 바로 양자역학이야.

양자역학과 현대 문명

20세기 초, 양자역학이 탄생하지 않았다면 우리는 지금 어떤 삶을 살고 있을까? 얘기를 이렇게 바꿔 보자. 양자역학이 과학자들에 의해 성립되지 않았다면 오늘날 우리가 누리고 있는 문명의 편리함 중 무엇이 사라질까? 스마트폰, 텔레비전, LED와 같은 조명, 태양전지, 전기차, 컴퓨터, 인공위성, 인터넷, 가속기를 포함한 대부분의 과학 장비, '전자'라는 말이 붙는 모든 제품이 사라질 거야. 남는 게 뭐냐고? 사실 양자역학을 활용할 수 없었다면 우린 19세기의 삶에서 크게 나아지지 않았을지도 몰라. 우리나라로 치면 조선 시대 말이야.

혹시 우리나라를 대표하는 과학기술 중 가장 익숙하고 친숙한 걸 말하라고 하면 뭐가 떠오르니? 그래, 반도체라고 대답할 줄 알았어. 우리나라는 반도체를 이용한 소자와 제품의 생산에 있어서 세계적인 강국이지. 반도체는 금속이나 유리처럼 인류가 활용해 온 물질들 중 하나인데, 반도체의 성질은 오직 양자역학을 통해서만 이해할 수 있단다. 우리가 양자역학을 몰랐다면 반도체와 반도체에 기반한 트랜지스터, 메모리, 기타 반도체를 사용하는 모든 제품들은 탄생할 수 없었을 거야. 전기가 잘 통하는 금속과 같은 도체는 왜 그런 성질이 있는지, 반대로 전기가 전혀 통하지 않는 부도체(절연체)는 왜 그런지도 양자역학을 이용해야만 설명이 가능하지.

그런데 이런 사실은 어찌 보면 너무나 당연해. 우리 주변의 모든 사물은 무엇으로 이루어져 있지? 맞아, 원자야. 원자로 이루어진 물질의 성질은 당연히 원자에 대한 학문인 양자역학을 통해서만 정확히 이해될 수 있는 거지. 고체 · 액체 · 기체의 구분, 도체, 반도체, 부도체의 구분도 양자역학을 통해서 가능하고, 물체들이 왜 색을 띠는지, 우리 눈이 그 색을 어떻게 인식하는지, 온실 기체가 왜 지구 온난화에 책임이 있는지 등등 온갖 자연 현상들 역시 양자역학이라는 창문을 통해 바라봐야 제 모습대로 보이고 해석이 되는 거야. 이것이 오늘날 현대 문명을 구축한 기반이자 앞으로의 미래를 열어 나갈 중요한 학문으로 작동한단다.

거시에서 미시로,
원자의 세계를 향한 여행

이렇게 얘기를 들으니 양자역학이 엄청 어렵고 접근하기 힘든 대상처럼 느껴진다고? 그렇게 생각하는 것도 무리는 아니야. 지금으로부터 불과 120년 전인 20세기 초만 하더라도 원자의 존재조차 믿지 않는 과학자들이 무척 많았단다. 당시엔 뉴턴이라는 위대한 물리학자가 세워 놓은 고전역학, 그리고 전자기학과 같은 고전물리학만으로 이 세상의 모든 것을 설명할 수 있다는 낙관론이 지배적이었어. 그러나 원자의 존재가 점점 드러나면서 결국 고전 물리학으로 설명할 수 없는 현상들이 생겼고 이를 넘어서는 새로운 학문 체계가 필요하다는 것이 밝혀졌지. 불과 20~30년 만에 수립된 양자역학은 과학자들에게도 무척 생소한 학문이었어. 그래서 오죽하면 노벨물리학상을 받은 유명한 물리학자 리처드 파인만조차 "양자역학을 제대로 이해한 사람은 아무도 없다"고 말했을까. 천재 물리학자 아인슈타인 역시 눈을 감을 때까지 양자역학의 이론 체계를 온전히 인정하지 않았다고 해.

그렇다고 네가 양자역학을 언제까지나 외면할 수는 없어. 양자역학은 물리학과에서만 배우는 학문이 아니란다. 이공계의 많은 학생들이 양자역학을 배워. 전자공학, 화학, 심지어 생물학 외에도 양자역학의 이론과 관점에 기대어 수립되거나 발전하고 있는 학문 분야는 수도 없이 많아. 게다가 양자역학은 철학과 문학, 예술 작품에도 영향을 미쳤어. 인문 사회 분야를 공부하는 많은 사람들이 양자역학에 관심을 갖는 것은 이 때문이야. 비록 교과 과정에 양자역학이라는 단어가 포함되어 있지 않다 하더라도 너는 다양한 과목에서 양자역학의 개념과 이론을 배우고 활용하는 능력을 키울 수 있지.

매도 먼저 맞는 것이 낫다고, 나와 함께 양자역학의 세계를 미리 탐험해 보는 건 어떨까? 위에서도 얘기했지만 양자역학의 개념은 쉽게 이해할 수 없어. 우리가 일상으로 살아가는 곳의 물리 법칙이 그대로 적용되는 세계가 아니기 때문이지. 그렇지만 양자역학 없이는 이 세상과 우주를 온전히 이해할 수가 없단다. 게다가 최근 양자 컴퓨터, 양자 암호 등을 포함해 양자역학의 원리가 적용되는 새로운 분야들이 만들어지고 확대되고 있어. 어쩌면 양자역학이 이제 선택이 아니라 필수인 시대가 된 것 같아. 물리학을 전공하지 않는다 하더라도 최소한 알아야 할 교양으로서 양자역학은 의미가 있어. 어때, 나와 같이 여행을 떠날 마음의 준비가 되었니? 이제 함께 출발해 보자!

차례

1

고전물리학에 드리워진 어둠

앞의 '들어가는 글'에서 원자나 분자처럼 작은 것들의 정체를 파헤치는 물리학이 양자역학이라고 소개했어. 그렇다면 야구공, 자동차, 로켓처럼 큰 물체들의 운동을 다루는 물리학은 뭘까? 바로 '고전역학'이야. 오래 전에 완성도를 이루고 높은 평가를 받은 물리학이라고 해서 '고전물리학'이라고도 부르지. 이걸 완성한 사람이 바로 유명한 영국의 물리학자 아이작 뉴턴이란 얘기를 이미 했었지. 아, 참! 고전물리학에는 전기와 자기를 다루는 전자기학이라는 학문도 있어. 그렇지만 이 책에서 설명하지는 않을 거야. 혹시 궁금한 사람은 〈과학 쫌 아는 십 대〉 시리즈 중 《전자기 쫌 아는 10대》라는 책을 읽어 보렴.

양자역학을 알고 싶은데 왜 고전역학을 자꾸 얘기하냐고? 그건 양자역학을 보다 잘 이해하기 위해서야. 과학의 역사는 큰 것에서 작은 것으로 나아가는 과정, 곧 우주의 거대한 천체들과 우리 주변 사물들의 운동에 대한 이해로부터 출발해서 원자나 분자, 그보다 작은 것들을 이해한 과정이라 볼 수도 있어. 그러니 우선 큰 것을 다루는 고전역학을 이해하고 넘어가야겠지? 그래서 이번 장에서는 뉴턴이 세운 고전역학 체계에 대해 먼저 살펴보도록 하자. 그 다음에 이 고전물리학이 19세기 말에 어떤 식으로 위험에 빠졌는지, 고전역학 왕국에 드리워진 어둠이 무엇인지 함께 알아보자고.

물체의 운동을 완벽히 설명하는 완벽한 이론

2022년 6월 21일, 한국형 발사체 누리호가 발사된 순간을 기억하니? 한국이 독자적으로 개발한 누리호가 거대한 불꽃을 내뿜으며 우주를 향해 치솟는 모습이 많은 국민들을 감동시켰지. 마침내 우리가 독자 설계한 로켓을 이용해 인공위성을 쏘아 올릴

힘차게 발사되는 누리호의 모습(출처: 한국항공우주연구원)

수 있게 되었으니 말이야.

그럼 누리호처럼 거대한 로켓을 발사한 후에 운동의 궤적을 무엇으로 예측할까? 바로 고전역학이야. 고전역학의 목적은 물체의 운동을 완벽히 분석하고 예측하는 거지. 물체의 운동을 안다는 것이 뭘까? 가령 네가 친구의 글러브를 향해 야구공을 힘껏 던진다면 그 야구공의 궤적, 즉 매 시각 야구공의 위치 그리고 공의 빠르기에도 관심이 생길 거야. 공이 언제 어떤 속도로 친구의 글러브로 들어갈지는 네가 야구공을 어느 방향으로 얼마나 힘껏 던졌는지, 즉 공이 너의 손을 떠나는 순간의 조건으로 결정된단다. 고전역학이란, 단순히 말하면 물체가 어떤 초기 조건으로 힘을 받을 때 언제 어디서 어떻게 운동하는지를 예측하는 학문이야. 그 운동을 규정하는 건 바로 매 시각 물체의 위치와 속도지. 예를 들어 누리호가 언제 어디서 어떤 추진력으로 발사되었는지 정확히 알면, 그 이후 누리호의 미래 운동을 완벽히 예측하는 게 가능하다는 거야.

왼쪽의 도구로 돌을 쏘아 올릴 때 가하는 힘을 알면,
이후 돌이 어떤 속도로 어떤 궤적을 그리며 날아가는지
정확히 예측할 수 있다(출처: 위키피디아).

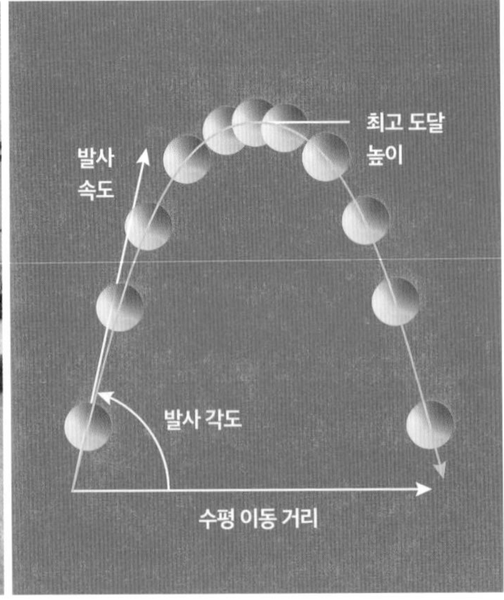

이제 정리를 해 보자. 어떤 우주선을 언제 어디서 어떤 추진력으로 발사하면 그 우주선이 1년 후, 10년 후에 태양계의 어떤 위치에서 어떤 속도로 움직이는지 완벽하게 예측할 수 있다는 거지. 심지어 정보만 충분하다면 100만 년 후의 우주선 위치와 속도도 정확히 알 수 있어. 한마디로 고전역학에 의하면 미래는 완벽하게 결정되어 있는 거야!

고전역학의 성공과 결정론

뉴턴이 17세기 후반에 고전역학을 내놓은 후, 인류는 그야말로 눈이 번쩍 뜨이는 경험을 했을 거야. 우리 주변에 펼쳐진 온갖 사물들의 운동을 설명할 수 있는 이론이 드디어 완성된 거니까. 영국에서 탄생한 이 이론은 곧 유럽 각 나라로 퍼져 나갔고 다양한 언어로 번역되어 각국에 뉴턴 이론의 추종자들을 만들어 냈지. 이들이 다시 뉴턴의 고전역학을 더 체계적이고 세련되게 다듬었어. 그 덕분에 포탄의 움직임, 물레방아의 운동, 액체의 흐름 등등 눈에 보이는 모든 것들이 고전역학으로 설명되었지. 게다가 뉴턴의 고전역학은 지구상의 물체들에 대해서만 적용되는 이론이 아니었어. 태양과 지구, 각종 행성의 움직임까지 포함해서 우주 전체의 운행을 알려주는 완벽한 이론으로 보였지. 고전역학은 천체들의 움직임을 분석하는 천체역학의 탄생으로 이어졌단다.

물체의 초기 상태(처음 위치와 속도)와 그 물체에 가해지는 힘을 정확히 알면 물체의 미래 운동을 완벽히 설명하는 이론이라니, 얼마나 매력적이니? 그래서 이 이론의 매력에 빠져든 과학자들은 심지어 이런 생각까지 하게 되었어. 프랑스의 유명한 수학자 라플라스(Pierre-Simon Laplace, 1749~1827)는 우주에 존재하는 모든 입자의 현재 위치와 속도를 정확히 알 수 있다면 우주의 미래를 완벽하게 예측할 수 있다고 주장했지. 즉 우주에 있는 모든 물체와 입자의 초기 조건을 완전히 알고 이들 사이에 작용하는 힘을 알면, 이들의 운동으로 결정될 미래의 모습 역시 뉴턴의 고전역학으로 완벽히 예측할 수 있다는 과감한 주장이었어.

이에 따르면 태양계와 지구가 형성되던 약 45억 년 전 당시의 모든 조건과 운동 상태에 이 책을 읽고 있는 네 현재 모습이 이미 결정되어 있다는 거야. 그리고 네가 20년 후에 어떤 직업을 가지고 어떤 음식을 먹으며 어떤 가족을 꾸릴지도 이미 결정되어 있다는 거지. 이런 주장이 납득이 되니? 이런 지독한 결정론이 공공

연히 등장할 정도로 뉴턴의 고전역학 체계에 대한 과학자들의 신뢰는 대단했어.

과학자들의 낙관과 서서히 드리워진 어둠

고전역학과 전자기학은 고전물리학의 두 기둥이야. 이 두 학문 체계의 발전과 성공은 19세기 과학계에 낙관주의를 불러일으켰어. 이제 양자역학으로 가는 문을 연 과학자 한 명이 등장할 차례가 되었구나. 바로 독일의 위대한 과학자인 막스 플랑크(Max Karl Ernst Ludwig Planck, 1858~1947)야. 독일인들은 독일 과학의 핵심적 역할을 담당하는 연구소에 막스 플랑크 연구소라는 이름을 붙일 정도로 이 과학자에 대한 존경심이 대단해.

그런데 막스 플랑크가 19세기 후반에 고등학교를 졸업할 즈음, 본인의 전공 선택에 대한 조언을 구하러 뮌헨 대학교 물리학과 필리프 폰 욜리 교수(Johann Philipp Gustav von Jolly, 1809~1884)를 찾아가 조언을 구한 적이 있었어. 당시 욜리 교수는 자신을 찾아온 이 총명한 학생에게 물리학은 고도로 발전해서 거의 완성

단계에 들어선 학문이고 이 학문은 어떤 의미에서는 왕좌에 올랐다고 할 수 있으며, 곧 결정적이고 확고한 형태를 얻게 될 것이라 조언했지. 한마디로 더 이상 할 게 남아 있지 않다는 얘기지. 게다가 해결되지 않고 남아 있는 주제라고는 "이런저런 구석에서 아직 먼지 조각 혹은 기포 조각 하나가 실험되고 분류될" 수 있을지는 모르겠으나, 결론적으로 물리학에서 더 이상 추구해야 할 중요한 주제는 없다는 것이 욜리 교수의 주장이었어.•

이것은 단지 욜리 교수만의 견해는 아니었어. 당시 과학계의 전반적인 분위기는 이처럼 엄청 낙관적이었지. 시간이 조금만 더 흘러가면 물리학 이론은 완벽해질 것이고 물리학으로 설명할 수 없는 자연 현상은 남아 있지 않을 거라 생각한 거지. 심지어 영국의 유명한 물리학자인 켈빈(William Thomson, 1st Baron Kelvin, 1824~1907)은 완벽한 하늘에 떠 있는 "지평선 위의 두 구름"이라는 비유를 써서, 아직 풀지 못한 사소한 물리 문제는 고작 두 개만 존재한다고 표현했단다. 그중 하나는 전자기파를 전달하는 매질인 에테르의 정체였고, 다른 하나는 뜨거운 물체가 내는 빛과 관련되어 있었어.

그러나 켈빈의 이런 낙관적 전망이 매우 성급했다는 것이 드러

• 《막스 플랑크 평전》, 에른스트 페터 피셔 지음, 이미선 옮김, 김영사, 2010.

났어. 에테르의 정체를 파헤치는 과정은 아인슈타인(Albert Einstein, 1879~1955)의 상대성 이론까지 이어졌고, 뜨거운 물체가 내는 전자기파에 대한 탐구는 결국 양자역학으로 넘어가는 문을 열기 시작했지. 용광로 속 쇳물처럼 뜨겁게 달구어진 물체가 발산하는 빛을 성공적으로 설명하는 이론을 제시하며 그 첫 번째 관문을 열어젖힌 사람이 다름 아닌, 앞서 물리학에서 더 이상 할 일이 남아있지 않다는 교수의 말을 듣고도 물리학을 선택한 막스 플랑크였단다.

산업 혁명이 활발히 진행 중이던 유럽에서는 철강 산업이 발전했어. 그 덕분에 용광로 속에서 녹아 달궈진 쇳물의 온도와 쇳물이 내는 빛깔 사이의 관계라든가, 백열전구 속 필라멘트가 내는 빛처럼 발열체가 만들어 낸 빛의 스펙트럼에 대한 연구가 활발히 이루어지고 있었어. 이런 현상은 산업계뿐만 아니라 물리학자들에게도 매우 흥미로운 연구 주제였지. 그래서 당시 물리학자들은 뜨거운 물체의 온도를 바꿔 가면서 그 물체가 내는 빛의 스펙트럼을 측정했단다. 예를 들자면 1,000도의 온도로 달궈진 쇳물이 방출하는 빛과 2,000도로 달궈진 쇳물이 내는 빛이 어떻게 다른지 조사하는 실험이었지.

실험 물리학자들이 밝힌 사실을 간단히 요약해 볼게. 물체의 온도가 올라가서 대략 500~600도 정도에 도달하면 물체는 아주 희미한 검붉은 색 빛을 내기 시작해. 물체의 온도를 더 올리면 물체가 내는 빛의 색깔이 빨간색에서 점점 주황색, 노란색을 거쳐서 흰색이 되다가, 온도가 더 올라가면 푸르스름한 색으로 바뀌는 걸 확인했지. 게다가 온도가 올라가면, 방출되는 전자기파의 에너지가 급격히 증가한단다. 예를 들어 절대온도가 약 5,000도

특정 온도로 달궈진 흑체●가 내는 복사 스펙트럼

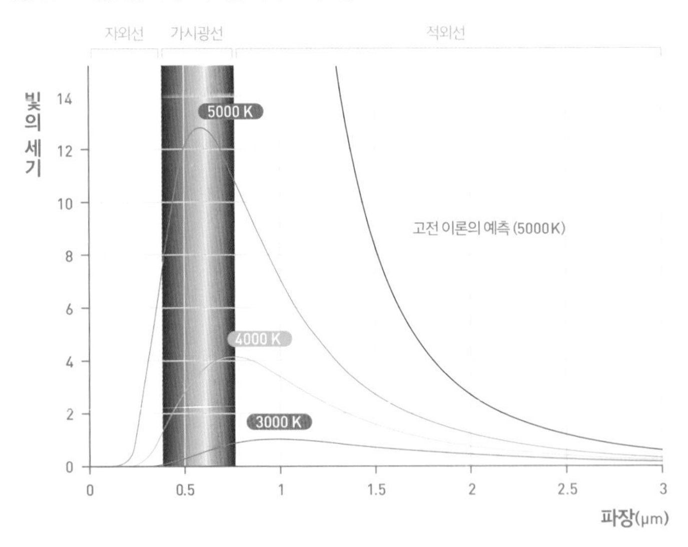

● 당시 과학자들은 문제를 단순화하기 위해서 '자신에게 입사되는 모든 전자기파 에너지를 흡수하는 이상적인 물체'가 특정 온도에서 방출하는 스펙트럼에 주목했어. 모든 빛을 흡수하는 물체는 검은색으로 보일 수밖에 없기에 과학자들은 이 물체에 '흑체'라는 이름을 붙였지. 흑체가 방출하는 빛을 흑체 복사라 불렀고.

정도 되는 물체가 방출하는 전자기파 스펙트럼을 보면, 그림에서 볼 수 있듯이 빛의 세기가 파장이 긴 적외선 영역에서 가시광선으로 오면서 증가하다가, 파란색과 보라색을 넘어 자외선 쪽으로 가면 세기가 감소하지.

이 스펙트럼은 태양이 방출하는 스펙트럼과 매우 비슷해서 우리 눈에는 흰색으로 보인단다. 당시 과학자들은 고전물리학의 지식을 빌려서 이 현상을 어렵지 않게 설명할 수 있을 것이라 생각했어. 그러나 전자기 이론을 포함해 당시 알려진 모든 물리학적 지식을 총동원해도 뜨거운 물체가 방출하는 빛의 스펙트럼을 설명할 수 없었단다. 지평선 위에 걸린 작은 구름 한 조각이라고 생각했던 문제가 실은 하늘을 온통 뒤덮은 먹구름이라는 사실이 밝혀진 거지.

설명할 순 있으나 이유는 모르는

자, 이제 독일의 물리학자 플랑크가 이 먹구름을 어떻게 몰아내려고 했는지 살펴보자. 그의 노력이 곧 양자역학의 첫걸음이거든. 플랑크의 이론을 여기서 자세히 설명할 순 없지만 그가 세운 한 가지 가정은 반드시 얘기해야 할 것 같아. 플랑크는 뜨거운 물체가 내뱉는 빛의 에너지가 연속적이지 않고 작은 덩어리 단위로, 불연속적으로 방출된다고 가정하고 문제를 해결했어. 특히 빛 한 덩어리의 에너지는 그 빛의 진동수에 비례한다고 봤어. 빛은 파동이니까 1초에 몇 번이나 진동하는지 파악해 이를 진동수로 표현한단다. 빛 덩어리의 에너지를 굳이 수식으로 표현하자면, '플랑크 상수'라고 부르는 숫자에 진동수를 곱한 거야. 여기서 플랑크 상수는 매우 작은 양을 가진 물리 상수인데, 엄청나게 작긴 하지만 0은 아니야.•

여하튼 플랑크의 가정에 의하면 진동수가 큰 빛의 경우, 빛이 나르는 에너지 덩어리도 더 커지게 돼. 무지개 색깔로 펼쳐진 빛을 보면 빨간색의 진동수가 제일 작고 녹색을 거쳐 파란색과 보라색으로 갈수록 진동수가 늘어난단다. 따라서 빨간색 빛의 에너지 덩어리보다는 파란색 빛의 에너지 덩어리가 훨씬 큰 거지. 빨간색 빛을 나르는 덩어리가 탁구공이라면 파란색 빛 덩어리는

• 플랑크 상수가 얼마나 작은지 소개해 볼까? 플랑크 상수는 h라는 기호로 나타내는데, 그 측정값은 6.626×10^{-34} J·s란다. J·s는 에너지 단위인 줄(J)에 시간의 단위(초, s)를 곱한 거고, 10^{-34}란 숫자는 분자는 1이고 분모의 1 뒤에 0이 무려 34개나 붙어 있다는 거니까…. 얼마나 작은 숫자인지 감이 오니?

야구공 정도로 비유할 수 있겠다.

그런데 좀 이상하지 않니? 플랑크의 주장에 따르면, 물결처럼 출렁거리는 파동이라고 생각했던 빛이 불연속적인 덩어리 단위로만 에너지를 나른다는 거야. 그리고 그 덩어리는 진동수가 늘어나면 함께 커지게 되어 있지. 이런 이상한 가정을 동원하고 나서야 플랑크는 뜨거운 물체가 방출하는 빛의 스펙트럼을 제대로 설명할 수 있었단다.

하지만 당시 플랑크 자신도 이 과감한 가정이 가지는 의미를 제대로 이해할 수는 없었던 것 같아. 보통 파동이 전달하는 에너지는 파동이 얼마나 크게 출렁거리는지에 따라 결정되거든. 수면파로 비유하면 진동하는 물의 높이가 높을수록 수면파가 전달하는 에너지가 커지는 거지. 그런데 전달하는 에너지가 불연속적이라면 파동을 나타내는 높이가 불연속적인 값에만 띄엄띄엄 허용된다는 건가? 빛이 그렇게 이상한 파동인가?

따라서 플랑크로서는 그저 고전물리학으로 설명되지 않는 현상에 대한 일시적인 답을 발견했을 뿐이라고 생각했을 거야. 그래서 본인이 발표한 논문의 끝에 뉴턴 역학이야말로 이 이상한 상황에 대한 해결책을 제시해 줄 것이라는 희망을 표현했어. 다른 많은 과학자들도 플랑크가 제시한 이론이 실험 데이터를 정확히 설명한다는 것은 인정했지만 임시적인 접근법이라고 생각했던 것 같아. 하지만 플랑크와 당대의 물리학자들은 플랑크의 이론이 양자역학을 향한 문을 여는 열쇠가 되리라고는 꿈에도 생각하지 못했을 거야.

이제 플랑크가 살짝 열어 놓은 문을 누가 이어서 열어젖히는지 알아보자. 플랑크의 바통을 이어받은 사람은 아인슈타인이었어. 20세기 초, 아인슈타인은 스위스의 한 도시에서 특허 심사관이란 직책으로 일을 하고 있었지. 직장 생활 틈틈이 물리학 연구를 계속하면서, 1905년에 물리학계를 뒤흔든 논문들을 연달아 발표했어. 상대성 이론과 다음 장에서 설명할 브라운 운동, 그리고 광전 효과라는 현상에 대한 논문들이었지. 이중에서 플랑크의 과감하고 이상한 가정을 활용한 논문이 바로 광전 효과에 대한 내용이야. 이 효과는 금속과 같은 물질에 빛을 쪼이면 전자가 튀어나오는 현상을 의미해. 금속 안에는 비교적 약하게 속박되어 자유롭게 돌아다니는 소위 '자유전자'들이 잔뜩 들어 있단다. 빛 에너지를 흡수해 튀어나오는 전자를 '광전자'라 부르지.

근데 재미있게도 아무 빛이나 쬔다고 해서 광전자가 튀어나오는 건 아니야. 금속이 진동수가 큰 빛에 대해서만 반응하며 전자를 내뱉는다는 걸 실험 물리학자들이 밝혀냈지. 가령 진동수가

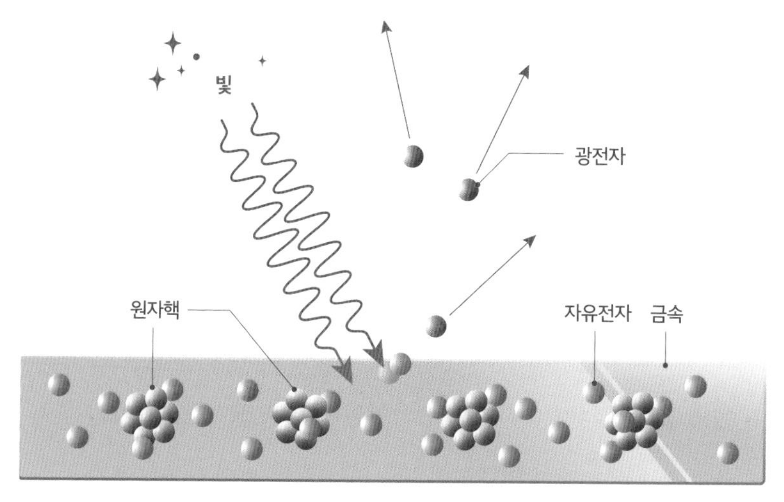

광전 효과를 설명한 그림. 금속에 빛(빛알)이 쏟아져
금속 내 전자와 부딪히면 전자가 금속 밖으로 방출된다.

작은 빨간색 빛은 아무리 세게 쬐어도 금속이 전혀 반응하지 않지만, 진동수가 큰 보라색 빛은 매우 희미한 세기로 쬐어도 광전자가 즉각 튀어나온다는 거지.

문제는 이런 현상을 20세기 초에 그 누구도 설명할 수 없었다는 거야. 빛을 파동이라고 생각하면 도저히 이해가 되지 않는 현상이었어. 이게 얼마나 이상한 건지 비유해서 설명해 볼게. 망망대해에 작은 공이 하나 떠 있어. 저 멀리 아주 거대한 파도가 밀려오는데, 높이는 20미터나 되지만 10초에 한 번씩 아주 천천히 진동하는 파도야. 이런 거대한 파도가 밀려와서 공을 때리고 움직이려 해도 그 작은 공은 꿈쩍하지 않고 제자리를 지키고 있어. 이번에는 고작 10센티미터 높이지만 1초에 다섯 번 진동을 하는 잔물결 같은 파도가 밀려온다고 해 보자. 그럼 공은 이 높은 진동수의 파도에 밀려서 빠르게 튕겨나간다는 이야기지. 이제 공을 금속 내부의 자유전자로, 파도를 금속에 쬐어 준 빛으로 생각해 봐. 어떤 의미인지 납득할 수 있겠지?

이제 광전 효과에 대한 아인슈타인의 설명을 들어 보자. 아인슈타인은 빛 에너지가 띄엄띄엄 덩어리 단위로 전달된다는 플랑크의 가정을 더 발전시켜서 아예 "빛은 입자다!"라는 과감한 해석을 했어. 빛은 진동하는 파동이라는 기존의 고정 관념에서 벗어난 거지. 앞에서 플랑크는 빛 에너지가 불연속적으로 전달된다는 가정을 그저 뜨거운 물체가 내는 빛의 스펙트럼을 설명하기 위한 수학적 도구 정도로만 생각했다고 했지? 그런데 아인슈타인은 그게 아니라 그 불연속적인 덩어리가 바로 빛의 입자라고 주장한 거야. 당시 과학계에서 파격도 이런 파격이 없었지!

그렇지만 빛을 입자로 생각하면 광전 효과가 아주 쉽게 설명이 된단다. 금속에 쪼이는 빛은 수많은 작은 빛의 입자들로 이루어져 있어. 이 빛의 입자를 여기서는 '빛알'이라고 부를게(경우에 따라서는 광자(光子), 영어로는 photon이라고 한단다). 따라서 빛이 금속 내부로 들어가 전자와 만나는 과정은 빛알이라는 입자와 전자라는 입자의 충돌로 해석할 수 있지. 마치 어떤 공에 다른 공이 와서 부딪히는 것과 비슷한 일이 벌어지는 거야.

금속 내부에 갇혀 있는 전자가 탈출하기 위해서는 일정한 에너지가 필요해(이를 전문적인 용어로 '일함수'라고 부른단다). 가령 니켈에 갇힌 전자가 탈출하기 위해 필요한 에너지가 10이라고 해 보자. 그럼 이 전자를 탈출시키기 위해서는 최소한 10의 에너지를 전달해 줄 빛알이 있어야겠지? 빛알의 에너지는 진동수에 비례한다고 했잖아. 그러니 가령, 진동수가 작은 빨간색 빛알은 에너지가 고작 5 정도라서 니켈 속 전자를 탈출시킬 수 없지만, 진동수가 큰 보라색 빛알의 에너지는 10보다 크기 때문에 이 빛알이 전자와 충돌할 때 전자를 금속 밖으로 빼낼 수 있지. 예를 들어, 웅덩이 속에 갇혀 있는 구슬을 밖으로 꺼내기 위해서는 들고 있는 구슬을 매우 세게 던져야만 웅덩이 속 구슬과 강하게 충돌하며 웅덩이 밖으로 빼낼 수 있는 것처럼 말이야.

이처럼 아인슈타인은 빛이 입자의 흐름이라는 과감한 주장을 하면서 광전 효과를 설명했단다. 빛 에너지는 연속적이지 않고 불연속적인 입자의 흐름이라는 것! 이런 혁명적인 주장 이후로 세상은 연속적인 색채의 흐름이 만드는 수채화가 아니라, 다채로운 색의 점들이 그림을 이루는 점묘화의 모습을 띠게 된 셈이지. 이를 '에너지의 점묘화' 정도로 묘사할 수 있을까? 그렇지만 이런 과감한 주장이 과학계에 바로 수용된 건 아니야. 당시 많은 이들이 아인슈타인의 주장을 터무니없다고 생각했거든. 빛 에너지의 양자화에 근거해 흑체 복사를 설명한 플랑크조차도 처음에는 아인슈타인의 주장이 틀렸다고 생각했대.

그렇지만 그 후에 빛이 입자라는 사실을 명확히 보여 주는 또 다른 실험들이 등장했어. 가장 대표적인 게 엑스선과 물질 속 전자의 충돌을 연구한 콤프톤(Compton) 효과야. 우리가 병원에서 뼈를 촬영할 때 사용하는 게 엑스선이잖아? 엑스선은 눈에 보이지 않는 빛인데, 진동수가 매우 높아 에너지가 아주 강해. 이것이 물질 속 전자와 닿을 때 마치 당구공과 당구공이 부딪히는 것처럼 움직이기 때문에, 빛의 한 종류인 엑스선의 에너지가 광자라는 덩어리로 되어 있다는 걸 분명하게 보여 줬어. 결국 이런 후속 실험들 덕분에 광전 효과를 완벽히 설명하는 아인슈타인의 주장을 과학자들도 수용하게 돼. 이 공로로 아인슈타인은 1921년에 노벨물리학상 수상자로 선정됐어. 콤프턴 효과를 실험으로 증명한 미국의 물리학자 콤프턴(Arthur Compton, 1892~1962)도 1927년에 노벨상을 받았지.

이 대목에서 이제 양자역학의 '양자'라는 단어를 설명할 때가 된 것 같구나. 양자는 영어로 'Quantum(퀀텀)'이라 부르는데 이 단어의 어원은 '얼마나 많은(how much)'을 표현하는 라틴어 'quantus'에서 비롯되었다고 해. 양자는 간단히 말하면 더 이상 나눌 수 없는 물리량을 말하지. 즉 어떤 현상이나 물질을 구성하는 최소 단위 정도로 생각할 수 있을 거야. 다른 식으로 얘기한다면 연속적이지 않고 띄엄띄엄 덩어리 단위로 존재하는 물리량을 표현한다고 봐도 돼. 우리가 지금까지 살펴본 현상들 중에서 양자에 해당하는 게 뭐가 있을까? 맞아, 바로 빛알이야. 빛 에너지를 나르는 빛알은 그 자체로 양자적인 입자여서 그걸 절반 또는 3분의 1로 나눌 수 없어. 그래서 아인슈타인은 광전 효과에 대한 자신의 이론을 제시할 때 빛알을 '광량자(광+양자, light quanta)'라고 불렀단다. 전자나 양성자도 기본 입자에 해당하니 양자에 포함된다고 볼 수 있지. 양자역학이란 결국 이 양자들의 정체와 이들 사이의 상호작용을 밝히는 학문이라 부를 수 있겠구나!

2

원자,
넌 도대체 뭐니?

우리 눈에 보이는 사물들을 자르고, 자르고, 계속 자르면 어떻게 될까? 그 끝에는 무엇이 남을까? 인간이 이런 궁금증을 품어 온 역사는 아주 오래되었어. 고대 그리스 시대만 하더라도 세상 만물을 이루는 근본 물질에 대한 다양한 의견과 논쟁이 있었지. 가령 자연철학자 탈레스(Thales of Miletus, 기원전 624?~545?)는 이 세상이 '물'로 이루어져 있다고 했고, 이후 엠페도클레스(Empedocles, 기원전 494~434)는 물, 불, 흙, 공기 등 네 가지 기본 원소가 이 세상의 모든 사물을 구성한다는 소위 '4원소설'을 제안했어. 오늘날 우리는 이런 견해들이 과학적으로 틀린 얘기라는 걸 알고 있지만, 당시 시대의 한계를 고려하면 그들의 주장이 자연스럽게 보이기도 해.

그런데, 신기하게도 고대 그리스 철학자였던 레우키포스(Leukippos, 기원전 5세기경)나 데모크리토스(Democritos, 기원전 460~370년경)는 이미 물질을 이루는 가장 작은 구성 요소가 무엇인지를 진지하게 고민했다고 해. 그들은 이 세상 만물을 이루는, 더 이상 나눠지지 않는 최소 단위가 존재한다고 생각했어. 그래서 그리스 단어 중 '더 이상 쪼갤 수 없는'이라는 뜻을 가진 'atomos'란 단어를 빌려 이 최소 단위를 '원자(atom)'라 불렀어. 무한히 펼쳐진 공간 속에 존재하는 다양한 형상과 크기의 원자가 세상 만물을 구성한다고 생각한 거지. 당시에는 이를 확인할 수 있는 실험적 방법이 전혀 없었으니 어떤 면에서는 상당히 추상적이고 사변적인 논의였다고 할 수 있겠지. 하지만 놀라지 마. 이 선구자들이 제기한 원자라는 개념은 대략 2천 년이 지난 후에 화려하게 부활하니까 말이야. 물론 상당히 다른 맥락이긴 하지만.

근대적 원자 이론의 시작

원자의 정체가 본격적으로 드러난 건 20세기에 접어든 이후였지만, 18~19세기에도 많은 과학자들이 물질을 구성하는 기본 단위로서 원자에 대해 고민하고 이 개념을 이용해 여러 가지 현상을 설명하려 했어. 어쩌면 원자가 자리 잡은 과학 이론 분야는 물리학보다는 화학이나 기체에 대한 연구라고 볼 수도 있지. 영국의 화학자 돌턴(John Dalton, 1766~1844)을 포함한 여러 화학자들이 화학 반응을 연구할 때 서로 다른 물질들이 항상 일정한 비율로 반응하거나 단순한 부피 비로 반응하는 현상들을 발견했단다. 그런 과정을 통해 화학 반응에 참여하는 주체로서 원자라는 개념을 자연스럽게 떠올리고 이를 활용하는 과학자들이 늘어났지.

화학자들과는 별개로 기체를 연구하던 물리학자들은 기체의 운동과 열, 온도 등을 연구하면서 기체를 눈에 보이지 않는 작은 입자들의 집합으로 간주하기 시작했어. 그렇게 가정하면 기체의 여러 특성들을 자연스럽게 설명할 수 있었거든. 하지만 원자가 정말 실제로 존재하는 입자인지에 대해서는 항상 많은 의문이 따랐어. 원자를 직접 눈으로 볼 수는 없는 일이니 말이야. 그래서 일부 과학자들은 원자나 분자를 단지 실험 사실들을 설명하기 위해 동원하는 편리한 개념, 가상의 입자 정도로 취급하기도 했지. 이런 태도를 가진 원자 회의론자들은 20세기 초반에도 꾸준히 존재했단다.

하지만 다른 과학자들은 원자가 실재할 뿐만 아니라, 심지어 원자가 물질의 기본 단위가 아닐 수도 있다는 생각까지 하기 시작했어. 19세기 말에 대략 70여 종의 원소가 발견됐는데, 이들을 전부 물질을 이루는 기본 단위로 생각하기에는 종류가 너무 많다는 생각이 든 거지. 게다가 어떤 원자로 이루어진 기체를 가열하거나 에너지를 주면 특정한 색깔의 빛들을 방출한다는 사실이 널리 알려졌어. 태양의 경우는 모든 무지개색이 고르게 섞여서 연속적인 분포를 보이는 스펙트럼을 갖고 있지만, 가열된 기체는 특정 색깔의 빛과 특정 파장의 전자기파만 단편적으로 방출하기 때문에 이를 선 스펙트럼이라 불렀어.

그런데 각 원자의 선 스펙트럼의 파장 분포와 구조는 원자의 종류에 따라 매우 달랐단다. 그 예로, 가열된 수소가 내는 빛과 가열된 철 원자가 내는 빛의 색깔이나 파장 성분은 서로 완전히 달랐어. 19세기에 분광학 기술이 발전하면서 원자의 종류별로 방출되는 선 스펙트럼을 상세히 파악하게 되었지. 하지만 왜 원자들

수소(위)와 철(아래) 원자의 선 스펙트럼

마다 이리도 고유하고 다양한 선 스펙트럼이 나오는지는 그 누구도 설명하지 못했단다. 그래서 일부 과학자들은 원자의 내부에 어떤 특정한 구조가 있을 수도 있다는 생각을 갖기 시작했어.

원자의 움직임을 찾아

원자가 실제로 존재한다는 사실에 대한 직접적인 증거는 엉뚱한 곳에서 발견되었단다. 1827년에 영국의 식물학자 로버트 브라운(Robert Brown, 1773~1858)은 물 위에 떠 있는 작은 꽃가루의 운동을 현미경을 이용해 관찰했어. 그는 잔잔한 물 위에 떠 있는 꽃가루가 춤추듯이 마구잡이로 움직이는 걸 발견했지. 예를 들어, 커다란 광장에 완전히 만취한 주정뱅이가 한 명 있다고 하자. 너무 취해 방향을 제대로 잡지 못하고 제멋대로 걸어 다니는 주정뱅이의 이동 경로를 추적하면 어떤 모습일까? 아마도 아래 그림과 같은 궤적이 그려질 거야. 물 위에 떠 있는 꽃가루의 운동이 바로 이와 비슷한 궤적을 그려. 오늘날 이런 운동을 발견자의 이름을 따서 '브라운 운동'이라 부르지.

물론 이 운동은 물 위에 떠 있는 꽃가루에서만 보이는 건 아니

빨간색 공의 궤적이 곧 물 위 꽃가루의 궤적이다.
꽃가루가 물 분자들(노란색 공)과 무작위로 부딪히면서
제멋대로 움직이는 방식을 '브라운 운동'이라고 한다.
꽃가루는 실제로 물 분자보다 훨씬 크다.

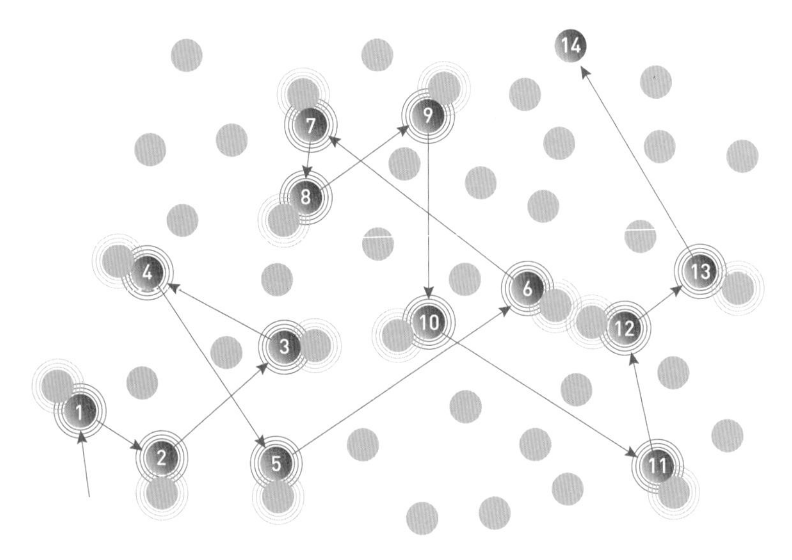

었어. 액체 속이나 그 위에서 떠다니는 작은 부유물 입자들이 보이는 공통적인 현상이라는 것이 밝혀지지. 하지만 꽃가루가 왜 이처럼 복잡한 궤적의 운동을 보이는지는 누구도 성공적으로 설명할 수 없었어. 20세기 초에 천재적인 과학자가 등장해 설명하기 전까진 말이야. 그 사람이 바로 우리 모두가 알고 있고 광전 효과에서도 등장했던 아인슈타인이야. 도대체 아인슈타인이 관여하지 않은 분야가 어떤 게 있을까!

아인슈타인은 물 분자들이 꽃가루에 계속 무작위로 부딪히며 충격을 준다고 생각했어. 물 분자들이 사방에서 꽃가루에 완벽히 똑같은 충격을 준다면야 꽃가루가 움직일 리는 없지. 그러나 엄청난 수의 물 분자들이 꽃가루에 주는 충돌의 힘은 조금씩이라도 어긋나게 되어 있어. 운동장에서 수많은 어린이들이 뛰어 놀고 있는데 인기 많은 선생님이 나타났다고 가정해 보자. 뛰어 놀던 아이들이 신나게 달려가 선생님을 에워싸면 선생님은 어린이들이 미는 힘의 불균형 때문에 어느 방향으로 밀려 움직일 거야. 물 분자들의 충돌을 느끼는 꽃가루가 바로 이와 비슷한 상황인 거지.

이런 가정 하에 아인슈타인은 꽃가루가 처음 출발한 장소를 중심으로 시간에 따라 얼마나 멀리 가는지를 이론적으로 계산했어.

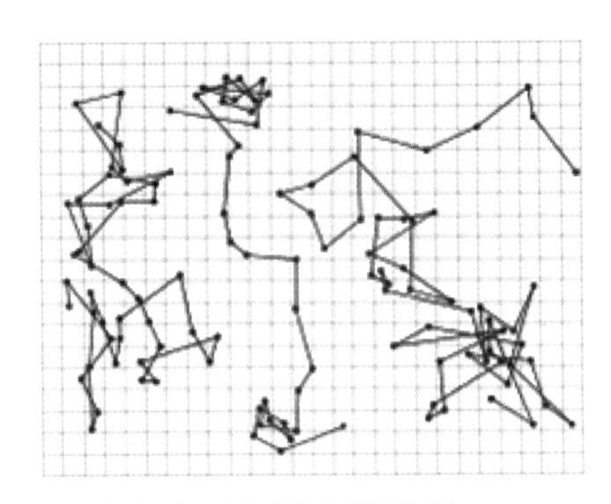
페랭이 기록한 브라운 운동의 실험 결과들
(출처: 위키피디아)

이 예측은 1908년에 프랑스의 물리학자인 장 페랭(Jean Baptiste Perrin, 1870~1942)이 실험을 통해 확인했지. 그는 물 위에 엄청나게 작은 고무 가루를 띄우고 이 가루가 일정한 시간이 지났을 때 어디까지 이동하는지 현미경을 이용해 확인했어. 그 이동 거리는 아인슈타인의 이론이 예측한 결과와 같았단다.

눈에 보이지 않는 그 작은 원자, 이 원자들로 이루어진 분자가 결국 과학적인 검증을 통해 실제 세상의 사물을 이루는 주인공으로 떠오른 거지. 이 업적으로 페랭은 1926년에 노벨물리학상을 받았단다. 그리고 20세기 초반이 지나자 원자의 존재에 대해서 의심하는 과학자는 거의 없었어.

서서히 정체를 드러낸 원자의 모습

원자가 존재한다는 증거가 20세기 초 아인슈타인의 이론과 페랭의 검증을 통해 서서히 모습을 드러냈다면, 19세기 말에는 원자 속에 또 다른 작은 구조물이 존재한다는 사실이 알려졌어. 바로 전자(electron)의 발견이야. 당시 유리관 속에서 공기를 빼내고 진공의 상태로 만드는 기술이 발달했는데, 이렇게 공기가 거의 없는 유리관 속에 금속 전극을 배치하고 전압을 가하면 전극으로부터 뭔가 이상한 흐름이 방출된다는 걸 여러 사람들이 발견했어. 그것이 곧 전자의 흐름이라는 게 밝혀지며 원자의 새로운 모습이 조금씩 드러나게 되었지.

전자를 발견한 공로는 1897년에 전자의 특성을 연구한 영국의 물리학자 톰슨(J.J. Thomson, 1856~1940)에게 돌아갔단다. 지금부터 톰슨이 전자의 존재와 특성을 어떻게 밝혔는지 알아보자.

다음 페이지에 등장하는 그림에 묘사된 실험 장치를 살펴볼까? 19세기에 과학자들은 공기를 뺀 유리관 속에 설치한 전극에 음(-)의 전압을 가하면 무엇인가가 튀어나온다는 사실을 발견했지. 음극에서 발생하는 정체불명의 입자 흐름을 '음극선'이라 불

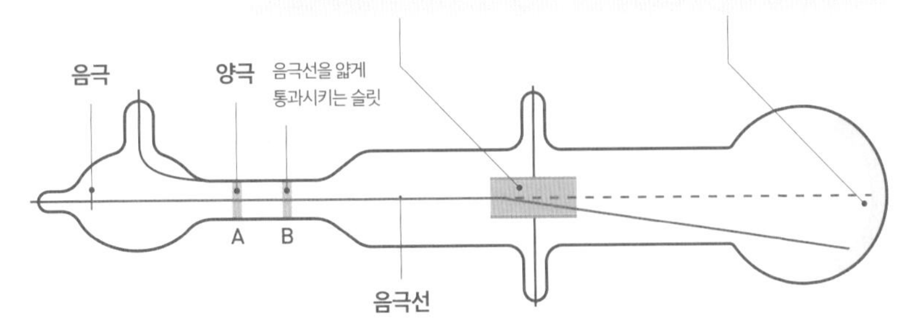

톰슨의 음극선 실험

렀어. 이 음극선은 오른쪽 끝의 유리관 표면에 부딪히는데, 거기에다가 형광체라 부르는 특수한 물질을 발라 놓으면 음극선이 부딪히면서 빛을 내곤 했지. 그러나 당시 과학자들은 음극선의 정체를 도통 알 수 없었어.

위에 있는 그림을 다시 보면 음극선이 A와 B에 뚫린 작은 구멍을 통해 빠져나오고 오른쪽 형광판에 부딪히는 모습을 확인할 수 있어. 그런데 그림을 보면 음극선이 지나가는 곳을 위아래로 감싼 또 다른 전극(양극과 음극) 한 쌍이 있는 게 보이지? 이걸 '편향판'이라 부른단다. 톰슨은 이 편향판에 전압을 걸어서 음극선이 휘는 걸 확인했고 이를 통해 음극선이 음의 전기적 성질, 즉 음전하를 갖고 있다는 걸 보여 줬어. 그리고 이 음극선을 이루는 음전하의 작은 입자들을 전자(electron)라 불렀지. 톰슨의 측정에 따르면 전자는 질량이 너무 작아서 수소 원자 질량의 천 분의 일보다도 작다고 추정했어. 이 업적으로 톰슨은 1906년 노벨물리학상을 수상했지.

이제 전자를 발견한 톰슨의 입장에서 원자를 한번 생각해 보자. 음극선 실험은 원자로 이루어진 금속 전극에서 전자라는 입자의 흐름들이 빠져나온다는 걸 보여 줬어. 그런데 원자 자체, 전극 자체는 전기적으로 중성이야. 그렇다면 원자 속에는 음의 전자와 균형을 이루기 위해 양전하를 띤 뭔가가 있어야 한다는 거지. (-1)에 (+1)을 더하면 0이 되는 것과 비슷한 상황이라고나 할까? 톰슨은 이런 생각을 근거로 원자의 구조를 건포도 푸딩과 비슷하게 생각했어.

우리가 빵집에서 산 건포도 푸딩을 반으로 쪼개면 어떤 모습일지 상상해 보겠니? 톰슨은 푸딩 곳곳에 박혀 있는 건포도는 음의 전자들이고 이를 감싸는 빵이 양전하를 띤다고 봤지. 이런 구조의 원자들에 강한 전압을 걸면 전자들이 튀어나와 음극선의 흐름을 만드는 거야. 여기서 전자는 분명히 발견되었지만 원자를 중성으로 만들어 주는 양전하가 어떤 형태로 어디에 분포해 있는지는 아무도 정확히 얘기할 수 없었지.

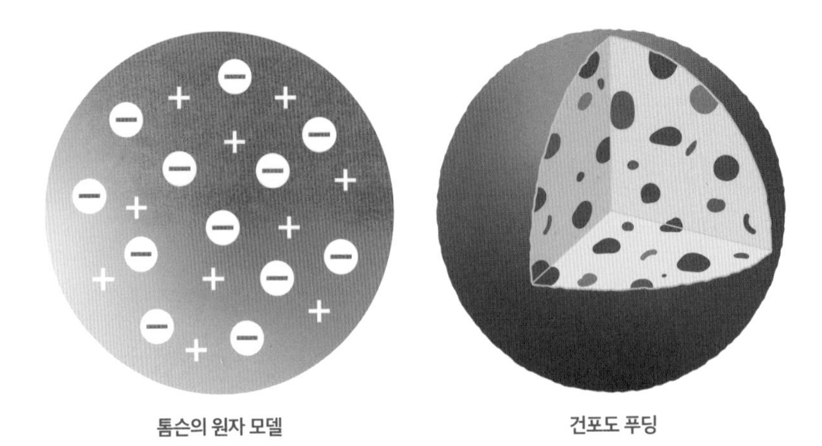

톰슨의 건포도 푸딩 모형.
빵에 해당하는 부분은 양의 전하를 띠고,
중간중간 박혀 있는 건포도가 음전하의 전자라고 보았다.

이후 톰슨의 원자 모형은 뉴질랜드 출신의 활력 넘치는 물리학자 러더퍼드(Ernest Rutherford, 1871~1937)에 의해 무너지고 말았어. 러더퍼드가 톰슨의 원자 모형을 무너뜨릴 수 있었던 결정적 실험에 대해 알아볼까? 그가 두 명의 제자들과 수행했던 실험의 구도를 간단한 그림으로 표현하면 다음과 같아.

러더퍼드가 제자들에게 권한 실험은 엄청 얇은 금박(금으로 된 얇은 막)을 준비한 후 근처에 알파 입자를 방출하는 방사성 물질을 놓아 두는 거였어. 알파 입자는 방사성 물질이 자연적으로 방출하는 특수한 입자를 의미하는데, 오늘날 헬륨 원자의 원자핵으

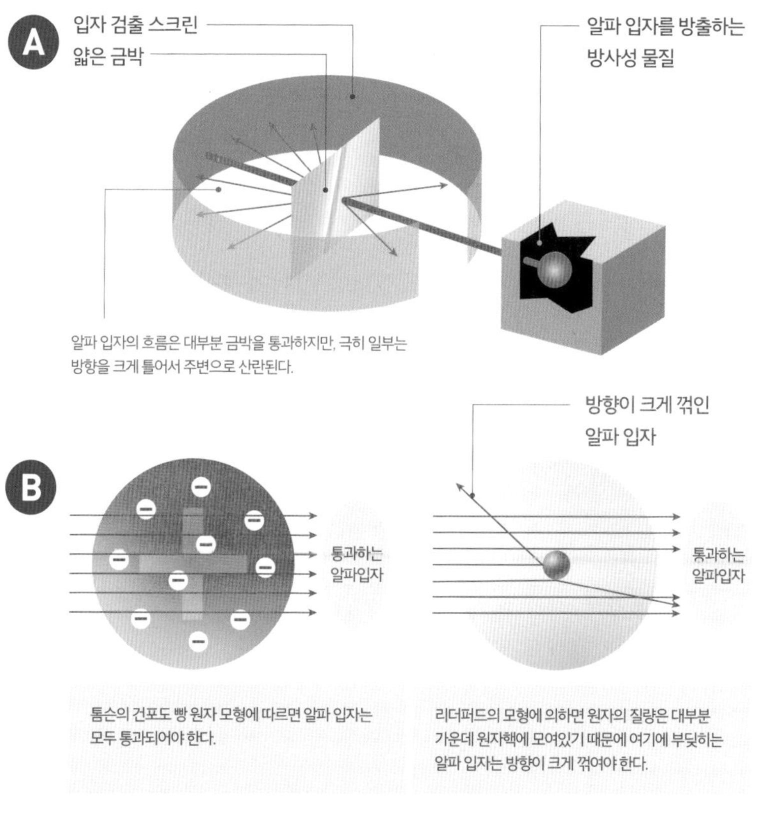

러더퍼드의 제자인 가이거와 마르스덴이 진행한 금박 실험(A)과
러더퍼드의 원자 모형(B의 오른쪽)

로 알려져 있어. 빠른 속도로 방출된 알파 입자가 종이보다 얇은 금박을 향해 날아가면 알파 입자의 운명은 어떻게 될까? 만약 톰슨의 원자 모형이 옳다면, 전자는 매우 가볍고 원자의 질량은 건포도 빵에 해당하는 부분에 고르게 퍼져 있어. 따라서 엄청나게

빨리 충돌하는 알파 입자들은 별다른 방해를 받지 않고 그냥 통과할 거야. 마치 얇은 종이나 부드러운 두부에 총알을 쏘면 빠른 총알이 이들을 그냥 통과하듯이 말이야.

실험 초기에는 예상처럼 알파 입자들이 금박을 통과해 반대편에 부딪히는 걸 관측했지. 그런데 실험을 이어가면서 러더퍼드의 제자들은 굉장히 이상한 현상을 발견해. 매우 드물긴 했지만 일부 알파 입자들은 금박을 그냥 통과하지 않고 금박에 부딪힌 후 방향이 확 바뀌는 거야. 게다가 어떤 알파 입자는 진행 방향과는 거의 정반대로, 즉 자신을 방출했던 방사성 물질 쪽으로 돌아오는 거야. 종이에 쏜 총알이 종이에 부딪혀 다시 자신에게 돌아온다고 상상을 해 봐. 얼마나 놀라겠어?

제자들의 실험 결과를 확인한 러더퍼드는 이를 설명할 수 있는 새로운 원자 모형을 고민했지. 계산을 반복하고 고민을 거듭한 끝에 러더퍼드는 질량의 대부분을 차지하는 양전하의 원자핵이 원자 가운데에 있고, 그 주변을 음의 전자가 돌고 있는 모형을 제안한단다. 태양계로 비유하자면 태양이 원자핵에 해당하고 태양 주변을 도는 행성들이 전자에 해당하는 거지. 게다가 원자 질량의 대부분을 차지하는 원자핵의 지름은 원자 지름에 비해 10만 분의 1 정도로 작아야만 실험 결과를 제대로 설명할 수 있었어.

무거운 원자핵에 알파 입자가 정면으로 부딪히면 방향이 꺾이거나 자신이 왔던 방향으로 되돌아갈 수 있지. 그렇지만 원자핵은 너무 작기 때문에 알파 입자와 부딪힐 확률도 매우 낮았어. 따라서 러더퍼드의 제자들은 대부분의 알파 입자가 금박을 통과하지만 극히 소수의 입자들만 방향을 바꾸거나 다시 튕겨 나온다는 결과를 얻은 거지. 어마어마하게 큰 태양계의 모습과 원자라는 아주 작은 세계 속의 구조를 연결해서 생각했다는 게 정말 흥미롭지 않니?

러더퍼드의 모형은 당시의 과학자들에게 매우 깊은 인상을 남겼을 뿐 아니라, 오늘날 원자를 상징하는 기호들 속에 자신의 자취를 강하게 남겨 놓았단다. 가령 다음 그림이 하나의 예가 되겠구나. 가운데 큰 원이 원자핵을, 주변을 돌아다니는 작은 점이 전자를 상징하지.

러더퍼드의 원자 모형의 영향을 받은 원자 기호의 한 예이다.

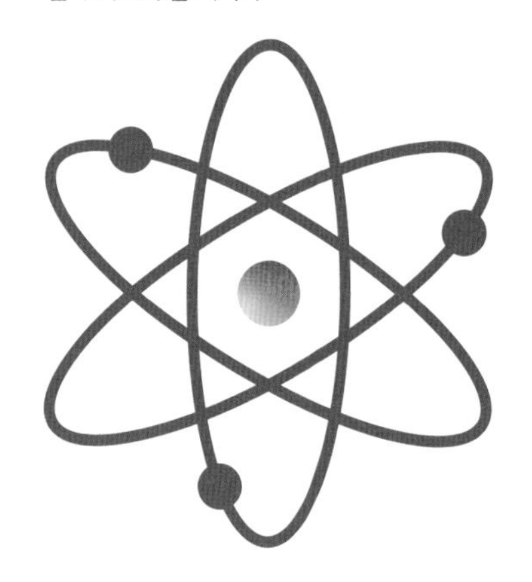

러더퍼드 모형이 알려주는 또 다른 놀라운 점은 우리가 물질이라고 부르는 세상이 사실 대부분 텅 비어 있는 공간이라는 거야. 러더퍼드의 계산에 의하면 원자핵은

원자 직경의 약 10만분의 1 정도로 엄청나게 작지만 질량의 대부분이 거기에 모여 있어. 게다가 그 주위를 도는 전자는 크기를 측정하기 힘들 정도로 작은데다 질량도 너무 작아. 원자핵을 야구공 크기로 비유한다면, 원자의 크기는 야구공의 중심에서 약 3,600미터 떨어진 곳까지를 반지름으로 하는 원 정도야. 그런데 그 사이에 존재하는 공간은 작은 전자를 제외하면 완전히 텅 비어 있는 거야. 상상이 되니?

자, 러더퍼드가 자신의 원자 모형을 내놓은 것에 다른 과학자들은 모두 만족했을까? 아쉽게도 러더퍼드의 원자 모형도 치명적인 문제를 갖고 있었어. 전하를 가진 입자가 원운동을 하거나 진동을 하면 전자기파를 방출하면서 에너지를 잃어버린다는 사실은 잘 알려져 있어. 따라서 원자핵 주변을 음전하를 가진 전자가 회전하면, 순간적으로 에너지를 잃어버리면서 원자핵 쪽으로 끌려서 나선형 궤적을 그리다가 핵과 충돌해 버릴 거야. 한마디로 원자가 쪼그라드는 셈이지.

아까 원자의 크기에 비해 원자핵의 크기는 대충 10만분의 1 정도로 작다고 했지? 전자들이 모두 원자핵에 부딪히면 원자핵만 남을 테니 원래 원자의 크기, 그리고 이 원자들이 모여서 이룬 세상 만물의 크기가 그대로 유지될 수 없는 거야. 결국 대부분이 크

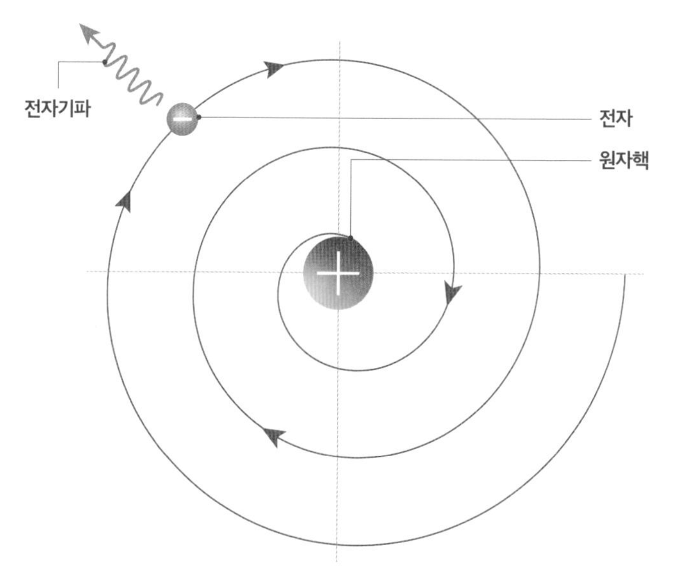

전자가 원자핵 주변을 돌다가 전자기파를 방출하면서 에너지를 잃고
추락하다가 원자핵에 부딪히는 상황을 묘사했다. 고전 이론에
따르면 이렇게 되어야 하지만, 실제로는 이런 일이 발생하지 않는다.

기를 몽땅 잃어버리고 찌그러질 수밖에…. 그런데 실제로 그런 일은 일어나지 않잖아? 우리 몸과 주변의 사물들을 구성하는 원자들은 매우 안정적인 모습이지. 결국 러더퍼드의 원자 모델도 현실의 원자를 정확히 설명할 수 없다는 거야.

어때? 데모크리토스로부터 출발해서 수천 년간 인류가 고민해 온 원자의 모습, 원자 모형의 발전 과정에 대해 들어 본 기분이? 물질의 궁극적 구성 요소로 원자라는 아이디어가 제안된 게 고대 그리스 시대니, 인류는 2천 년이 지난 20세기 초가 되어서야 원자의 참모습을 살짝 엿볼 수 있게 된 거야. 그렇지만 원자의 궁극적 비밀에 대한 탐구는 그때부터 시작이었단다. 결국 과학자들이 20세기 초까지 자연을 이해하고 활용해 왔던 고전물리학으로는 원자의 구조나 운동을 이해하는 것이 불가능하다는 사실이 점점 드러났지. 정확한 원자 모형을 찾아 헤맨 과학자들의 노력은 이대로 끝났던 것일까?

이 대목에서 덴마크의 젊은 과학자 닐스 보어(Niels Bohr, 1885~1962)가 혜성처럼 등장하지. 보어는 박사 학위를 마친 후에 영국으로 건너와 러더퍼드 연구 그룹에 합류하면서 원자 모형을 이론적으로 연구한 사람이야. 보어는 누구도 가 보지 않은 길을 떠나기로 결심하고 매우 과감한 가정을 통해 새로운 원자 모형을 세상에 내놓았어. 보어가 제시한 흥미진진한 원자 모형에 대해서는 다음 장에서 자세히 살펴보자.

3

양자역학의 탄생

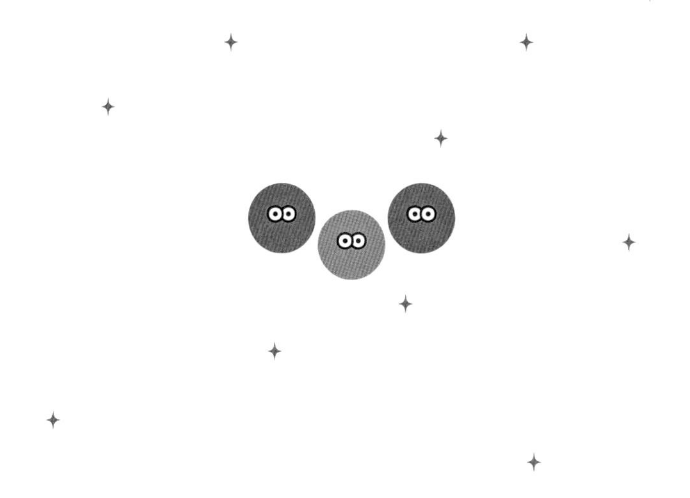

보어의 원자 이론이 정확한 양자역학은 아니었지만, 절반 정도는 양자역학이라 볼 수 있는 절충적인 이론이었어. 물론 완벽한 양자역학이 탄생하기 전이었으니 보어의 이론도 그 당시 과학자들에게는 매우 파격적인 방법으로 비춰졌단다.

보어가 제시한 원자와 양자 도약

러더퍼드 모형에서 가장 이상한 부분은 왜 원자핵 주위를 회전하는 전자가 에너지를 잃고 원자핵으로 추락하지 않느냐는 거였지. 우리 몸을 포함해서 주변의 어디에서도 원자가 붕괴되어 사라지는 결과를 볼 수 없어. 그래서 보어는 고전물리학적인 고정관념을 과감히 벗어 던지고 당시로선 파격적이라 할 수 있는 대담한 가정을 했지. 전자가 수소 원자의 원자핵 주변을 돌 때 아무 궤도나 도는 게 아니고, '정상 상태'라 부르는 특별한 궤도들만 돌 수 있다고 가정한 거야.

이 특별한 궤도들을 돌 때에는 전자가 전자기파를 방출하지 않아. 즉 에너지를 잃어버리지 않으니 안정적으로 돌 수 있는 거지.

보어가 가정한 '정상 상태'를 나타낸 그림

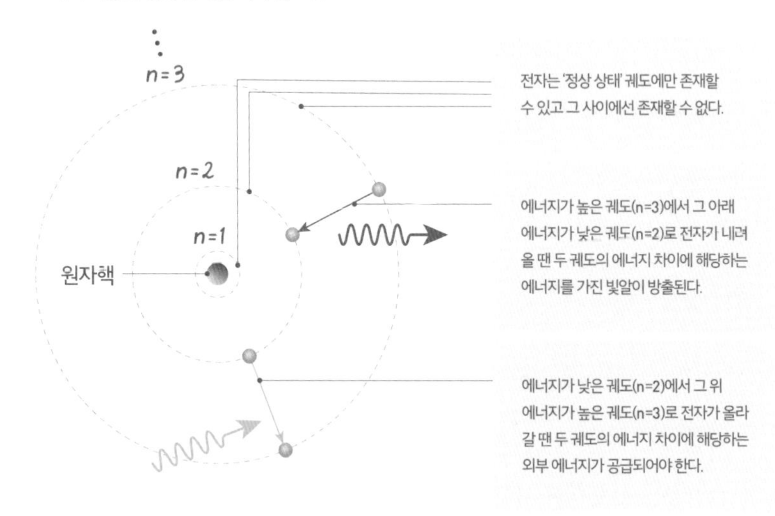

그런 게 정말 가능하냐고? 고전물리학의 이론에서는 당연히 불가능하지. 그렇지만 앞에서 얘기했잖아. 보어는 고전물리학의 개념을 버리고 완전히 새로운 접근 방법을 택한 거라고 말이야. 그런데 더 이상한 게 뭔지 아니? 이 특별한 궤도 사이의 빈 공간에서는 전자가 절대 존재할 수 없다고 본 거야.

이런 상황을 인공위성에 비유해서 설명해 볼게. '전자'라는 이름을 가진 인공위성이 원자핵에 비유되는 지구 주위를 돌고 있다고 하자. 이 전자라는 인공위성은 가령 고도 100킬로미터, 300킬로미터, 600킬로미터 등 정해진 특정 궤도에서만 존재할 수 있어. 120킬로미터나 478킬로미터처럼 그 사이의 공간에서는 인공위성이 절대 존재할 수 없다는 얘기지. 참 이상한 주장이지? 보어도 플랑크와 마찬가지로 실험 결과를 설명하기 위해 어쩔 수 없이 매우 이상하고 과감한 가정을 도입할 수밖에 없었지. 그게 양자역학이라는 새로운 학문을 여는 본격적 행위라는 걸 모른 채 말이야.

보어는 이렇게 띄엄띄엄 떨어져 있는 불연속적인 궤도, 즉 정상 상태들을 구분하기 위해 n이라는 기호를 이용해 숫자를 배정했단다. n=1이면 원자핵에 가장 가깝고 에너지가 제일 낮은 궤도를 가리켜. 여기서 n의 숫자가 커질수록 원자핵에서 점점 멀어지면서 에너지가 커지는 궤도들을 의미해. 나중에 우리는 n이 나타내는 이 숫자들을 '양자수'라 부르게 될 거야. 여기서 중요한 점은, 보어는 정상 상태의 원 궤도를 도는 전자들은 에너지를 잃거나 빛을 방출하지 않는다고 과감히 가정했다는 사실이야. 에너지를 잃어버리지 않으니 궤도를 계속 돌 수 있고 원자의 크기는 안정적으로 유지되는 거지.

재미있는 현상은 전자가 각 정상 상태의 궤도들을 넘나드는 과정에서 생겨. 앞의 2장에서 모든 원자들은 각자 특유한 색깔의 빛만 낸다고 했던 것, 기억나지? 보어는 이런 특정 색깔의 빛이 전자가 각 정상 상태의 궤도들을 넘나드는 과정에서 만들어진다고 생각했단다. 그는 이 과정을 '양자 도약(quantum jump)'이라 불렀지. 에너지가 낮은 궤도, 즉 원자핵과 가까운 궤도에서 높은 궤도로 올라갈 때는 그만큼 에너지가 필요하니 당연히 외부에서 에너지가 공급되어야 해.

그렇다면 높은 궤도로 올라간 전자의 운명은 어떻게 될까? 높은 궤도에 있는 전자는 낮은 궤도로 떨어지면 자신이 갖고 있던 에너지를 내놓아야 하겠지? 그래서 두 궤도 사이의 에너지 차이에 해당하는 딱 그만큼의 에너지를 가진 빛알이 만들어져 방출되지. 빛알의 에너지는 진동수에 플랑크 상수를 곱한 양이라고 얘기했던 것 기억하지? 원자마다 전자가 도는 궤도의 위치가 제각기 다르기 때문에, 궤도 사이를 넘나들며 흡수되거나 방출되는 빛알의 종류(즉, 진동수와 색깔)도 달라진단다. 결국 원자가 편식하며 흡수하거나 방출하는 빛알의 색깔만 확인하면 그게 어떤 원자인지 바로 알 수 있다는 얘기야.

보어는 자신의 이론을 우주에서 가장 단순한 원자인 수소 원자에 적용했어. 수소 원자는 원자 번호가 1번이고 따라서 주변을 도

에너지가 높은 궤도에 있는 전자가 n=2인 궤도로 떨어질 때
방출되는 빛의 파장과 색깔은 각기 다르다.

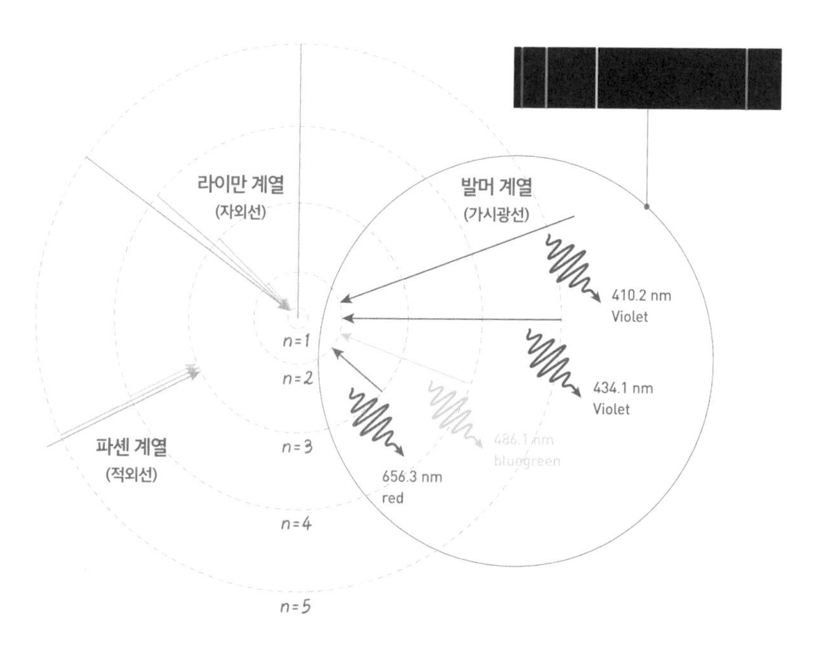

는 전자가 하나뿐이야. 모든 원자 중 가장 가볍지. 보어는 놀랍게도 자신의 이론을 이용해, 수소 원자가 방출하는 모든 종류의 빛알을 완벽히 설명할 수 있었어. 당시에 수소 원자에서는 네 개 정도의 가시광선 파장이 나오는 걸로 알려져 있었는데, 보어는 이 색깔의 빛들이 에너지가 높은 궤도에서 n=2인 궤도로 떨어질 때 나오는 빛들이라는 걸 증명했지. 이는 결국 보어의 원자 모형의 승리라 할 수 있어!

하지만 위에서도 힌트를 주었듯이, 보어의 이론은 오늘날 우리가 알고 있는 양자역학이 아니란다. 그는 단지 원자를 향한 문을 살짝 연 사람에 불과해. 왜냐하면 보어가 제안했던 원자 모형은 여러모로 문제가 많았거든. 가령 보어의 모형은 왜 전자의 궤도가 불연속적이어야 하는지 설명하지 않거든. 그저 불연속적인 궤도가 있다고 가정하고 자신의 이론을 시작하지. 무엇보다 가장 단순한 수소 원자 외에 헬륨이나 조금 더 복잡한 다른 원자들의 특성은 설명할 수 없었어. 결국 보어는 절반의 성공만 거둔 거지.

하지만 이런 불완전한 보어의 원자 모형은 미시 세계를 이해하고자 했던 과학자들의 끈질긴 노력과 진보를 이끌어 냈어. 결국 보어의 이론은 진정한 양자역학으로 향하는 길에 중요한 징검다리를 놓은 셈이지. 보어는 그 이후에도 양자역학의 이론적 발전에 큰 공헌을 하면서 자신의 이름을 역사에 깊이 새겼단다.

파동이냐 입자냐, 그것이 문제로다!

1장에서 아인슈타인이 빛을 입자, 즉 빛알이라고 주장했던 내용 기억나지? 빛은 파동이라고 확고히 믿고 있던 과학자들에게 아인슈타인의 주장은 무척 생뚱맞았어. 그러나 뒤이은 연구들은 결국 아인슈타인의 주장이 옳다는 걸 증명했어. 그럼 도대체 결론이 뭐냐고?

어떻게 보면 빛은 파동이면서 입자야! 둘의 성질을 다 갖고 있는 이중적인 존재인 거지. 공간적으로 넓게 퍼져 있는 파동과 특정 지점을 차지하고 있는 입자의 성질을 어떻게 동시에 가질 수 있냐고? 그 본질은 아마 영원히 모를 수도 있어. 왜냐하면, 여는 글에서도 얘기했지만 파동이나 입자는 거시적인 세계 속에서 살고 있는 인간이 자신의 경험과 관찰로 만들어 낸 개념들이거든. 그걸 바탕으로 미시적인 세계의 현상을 설명한다는 것 자체에 한계가 있을 수밖에 없지. 그러니 사실 빛이 파동이면서 입자라고 말하는 것도 정확히 맞는 설명은 아니란다. 빛의 성질을 알아볼 때 이런 방법을 쓰면 파동으로서의 성질이 보이고, 저런 방법을 사용하면 입자의 성질이 보이는 것이거든.

자, 그런데 이 대목에서 양자역학을 향한 또 하나의 중요한 징검다리를 놓는 사람이 등장해. 바로 프랑스 물리학자 루이 드브로이(Louis de Broglie, 1892~1987)야. 드브로이는 아인슈타인의 광전 효과 이론에 대해 알고 나서 이런 생각을 하지. 어? 우리가 파동이라고 생각했던 빛이 입자처럼 행동한다고? 그렇다면 거꾸로 우리가 입자라고 생각했던 전자도 파동처럼 행동하지 않을까?

이런 생각이 바로 역발상이지. 이는 빛을 입자라고 주장했던 아인슈타인의 주장만큼이나 과감하고 대담한 것이었거든. 드브

미시 세계의 존재들은 파동이자 입자다.

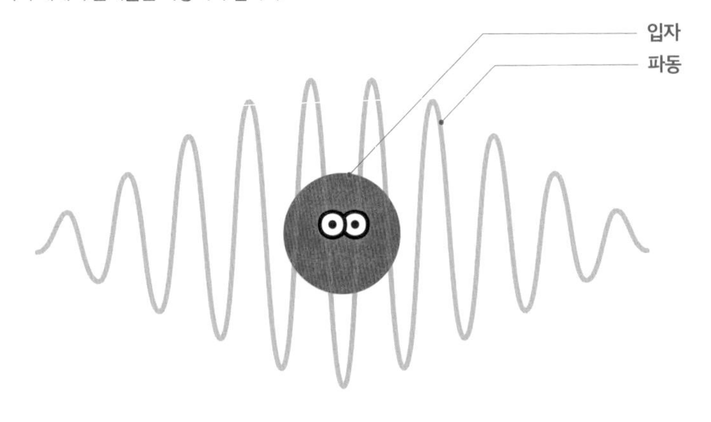

로이는 자신의 생각을 박사 학위 논문으로 정리해 제출했어. 그러나 그 주장이 너무나 황당한 이론이라 생각한 심사위원들은 판단을 유보한 후 당대의 가장 유명한 물리학자였던 아인슈타인에게 자문을 구해. 아인슈타인은 드브로이가 자연의 비밀을 드러내는 아이디어를 제안했다고 극찬을 하지. 그래서 논문 심사위원들은 드브로이가 제출한 논문을 통과시켰어. 그럼 전자는 정말 파동처럼 행동하는 걸까? 놀랍게도 그 뒤에 이어진 여러 실험들이 전자가 가지는 파동의 성질을 드러내 보여 줬어. 다시 말하면 전자는 파동이야! 드브로이는 이를 물질의 파동이라는 뜻에서 '물질파'라고 불렀지.

이제 정리해 보자. 옛날부터 파동이라고 생각했던 빛은 빛알이라 불리는 입자처럼 행동하기도 해. 입자라고 생각했던 전자(그리고 원자나 다른 미시적인 입자들)는 파동처럼 행동하기도 해. 즉, 우리가 맨눈으로 볼 수 없는 미시 세계의 존재들은 파동이면서 입자라는 이중성을 갖고 있어. 내가 어렸을 때 즐겨 봤던 만화 〈마징가 Z〉에는 아수라 백작이라는 인물이 등장해. 얼굴의 절반은 남자고 나머지 절반은 여자로 되어 있는 양성 인간이었어.

그래서 얼굴을 돌리면 한쪽에서는 여자로 보이고, 다른 방향에선 남자로 보였지. 미세 세계의 입자들을 바로 아수라 백작과 비슷한 존재로 비유할 수 있어. 어떤 상황에서는 파동으로, 또 다른 상황에서는 입자로 행동하니까 말이야. 그러나 다시 강조하지만 이건 결국 우리가 미시 세계를 적절히 기술할 수 있는 개념이나 언어를 갖고 있지 않다는 의미이기도 해. "파동이자 입자"라고 설명해야 하는 건 미시 세계를 직관적으로 느낄 수 없는 인간이 내놓은 궁여지책이라 할 수도 있을 것 같아.

하지만 아무리 그럴듯한 이론이라도 실험을 통해 확인하지 않으면 인정받지 못하지. 전자가 파동이라는 드브로이의 주장은 여

〈마징가 Z〉에 등장하는 아수라 백작의 얼굴처럼
파동이자 입자라는 두 개의 모습을 가진 미시 세계의 존재들

러 실험을 통해서 증명이 된단다. 파동이 보이는 대표적인 현상이 뭔지 기억나니? 그래, 바로 간섭이나 회절이야. 물의 표면에 생기는 수면파에서 흔히 볼 수 있지. 한 수면파의 산(높은 곳)과 다른 수면파의 산이 만나면 물의 높이가 훨씬 높아지기도 하고, 한 파동의 산과 다른 파동의 골(낮은 곳)이 만나면 물의 높낮이에 변화가 없는 영역도 생겨. 파동들이 만나 서로를 보강해서 더 세지거나 반대로 약화시켜 파동이 존재하지 않게 되는 현상을 '간섭'이라고 해. 이를 가장 뚜렷하게 확인해 볼 수 있는 실험이 바로 이중 슬릿 실험이란다.

어떤 불투명한 스크린에 면도칼로 짧은 선 두 개를 매우 가깝게 그어서 이중 슬릿을 만든 후 빛이 통과하게 해 보자. 이건 18~19세기에 활동한 영국의 토머스 영(Thomas Young, 1773~1829)이란 과학자가 했던 엄청나게 유명한 실험이야. 두 슬릿을 통과한 두 빛은 멀리 떨어진 스크린에서 만나게 되지. 이때도 두 빛의 산과 산이 만나서 빛이 강해지는 영역과, 산과 골이 만나 빛이 사라지는 영역이 교대로 나타난단다.

전자의 행동도 비슷해. 전자가 통과할 수 있는 두 슬릿을 만들어 놓고 전자총으로 전자 빔을 쏘았을 때 두 슬릿을 통과한 전자가 스크린에 만든 패턴은 어떨까? 그 결과가 다음 페이지 그림의

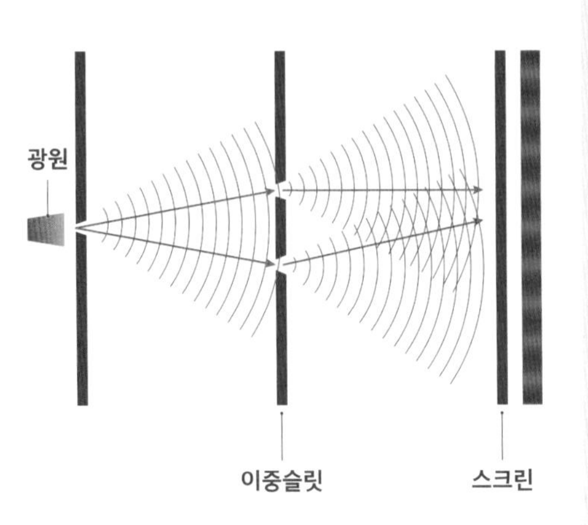

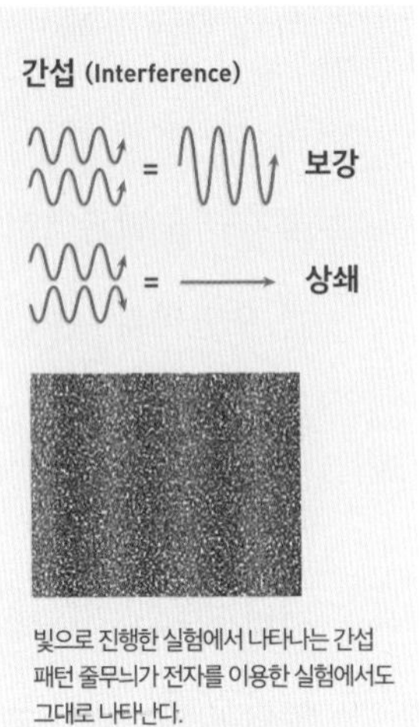

빛으로 진행한 실험에서 나타나는 간섭 패턴 줄무늬가 전자를 이용한 실험에서도 그대로 나타난다.

빛에 의해 생긴 간섭 무늬 패턴(왼쪽)과
전자빔이 만든 간섭 무늬 패턴(오른쪽)

오른쪽 아래에 나타나 있어. 어때, 빛에 의해 생긴 간섭 무늬 패턴과 비교를 해 보니, 놀랄 정도로 서로 닮아 있지? 결국 빛이 파동의 성질을 보이는 것과 같은 방식으로, 전자도 파동성을 가진다는 사실이 다양한 실험으로 증명되었단다.

양자 역학의 탄생

보어와 드브로이의 이론이 등장하면서 드디어 양자역학이 탄생할 조건들이 갖추어져 갔어. 1920년대 중반, 두 명의 과학자에 의해 양자역학이 탄생했지. 한 명은 독일의 젊은 물리학자 하이젠베르크(Werner Heisenberg, 1901~1976)였고, 다른 한 사람은 오스트리아의 물리학자 슈뢰딩거(Erwin Schrödinger, 1887~1961)였지. 둘 다 들어 본 적이 있다고? 그럴 거야. 현대 과학에 관심이 있는 사람이라면 하이젠베르크의 불확정성 원리나 슈뢰딩거의 고양이 이야기를 한 번은 들어 봤을 테니 말이야.

두 사람이 각자 양자역학을 체계적으로 수립해 갔던 과정, 그 뒤에 양자역학이 과학자들 사이에서 인정을 받는 과정은 정말 드라마틱하고 어떤 영화보다도 더 흥미진진하단다. 그러나 그 내용을 이 얇은 책에서 자세히 다루는 건 불가능해. 혹시 관심이 생기면 나중에 이 책 끝에 정리해 둔 참고 도서들을 더 읽어 봐.

하이젠베르크는 소위 '행렬역학'이라는 방식으로 양자역학의 체계를 세웠고, 슈뢰딩거는 자신의 이름을 딴 '슈뢰딩거의 파동방정식'을 정식화해서 양자역학의 이론을 만들었단다. 두 이론은 처음엔 수학적으로 완전히 다른 이론처럼 보였는데, 신기하게도 두 이론 모두 수소 원자의 특성들을 완벽히 설명할 수 있었어. 결국 두 사람의 이론은 수학적으로 동등하다는 것이 나중에 드러나지. 그 중에서도 여기서는 슈뢰딩거가 세웠던 양자역학을 바탕으로 이야기를 전개해 나갈 거야. 그게 조금 더 직관적으로 이해하기 쉽거든.

내가 앞부분에서 다양한 파동 현상을 말했지? 그런 파동들은 반드시 무엇인가 진동하며 퍼져나가고 그 과정에서 에너지를 나르지. 수면파는 물의 높낮이, 소리는 공기의 밀도, 그리고 빛은 전기장과 자기장이라는 성질이 진동을 해. 과학자들은 이런 성질의 진동을 고전적인 '파동 방정식'으로 정확히 묘사할 수 있어.

그럼 드브로이가 제시했던, 미시적인 입자를 나타내는 물질파라는 파동도 이걸로 설명할 수 있었을까? 그렇지는 않아. 왜냐면 물질파는 전자와 같은 미시 세계의 입자이기 때문에, 수면파나 지진파와 같은 친숙한 파동을 묘사하는 데 사용한 고전적인 파동 방정식을 빌려 와 쓸 수 없거든. 그래서 슈뢰딩거는 드브로이의 물질파를 기술하기에 적절한 자신만의 파동 방정식을 만들지. 이게 바로 그 유명한 '슈뢰딩거 파동 방정식'이야! 당시 과학자들은 하이젠베르크의 추상적인 방법보다는 슈뢰딩거의 파동 방정식을 더 좋아했다고 해. 왜냐하면 파동 현상은 당시 과학자들에게 더 친숙했기 때문에 큰 부담감 없이 받아들일 수 있었거든. 이때부터 과학자들은 미시 세계를 이해하기 위한 도구를 갖게 된 거지.

과학자들은 슈뢰딩거 방정식을 이용해 원자와 분자, 고체 등 그간 정확히 이해하기 힘들었던 온갖 대상들의 성질을 연구하기 시작했어. 그 결과는 이미 내가 얘기한대로 현대 과학기술과 정보통신 문명의 탄생으로 이어졌지.

그렇다면 이 방정식을 풀어서 얻는 게 도대체 뭘까? 우리가 살아가는 거시 세계를 이해하는 방식과 똑같은 정도로 정확하게 이해할 수 있는 것일까? 아쉽게도 그렇지 않아. 미시 세계로 우리를 안내해 주는 이 방정식을 정확히 풀고 또 그 답을 활용해 다양한 전자 소자들을 만들 수는 있지만, 방정식의 풀이가 우리에게 주는 의미를 제대로 이해하기는 매우 힘들어. 그래서 지금도 양자역학의 의미에 대해 과학자들 사이에는 많은 논쟁이 벌어지고 있단다.

그럼 의미도 제대로 모르는 양자역학이 정말 미시 세계를 설명할 수 있는 확고하고 정확한 학문이냐고? 양자역학에 기반해 작동하는 현대 문명의 이기들을 봐! 양자역학이 정확하지 않다면 네가 매일 사용하는 휴대폰, 컴퓨터가 제대로 작동할 수 있겠어? 양자역학은 그 자체로는 다른 학문과 비교할 수 없을 정도로 엄청나게 정확한 학문이야. 단, 양자역학이 우리에게 들려주는 미시 세계의 모습을 제대로 이해할 수 없을 뿐이지. 그래서 다음 장에서는 과학자들의 양자역학 사용법에 대해 다뤄 보려고 해. 이제 더 아리송한 얘기를 하려고 하니 정신을 더 똑바로 차리고 여행을 계속 이어가 보자.

4

양자역학 사용 설명서

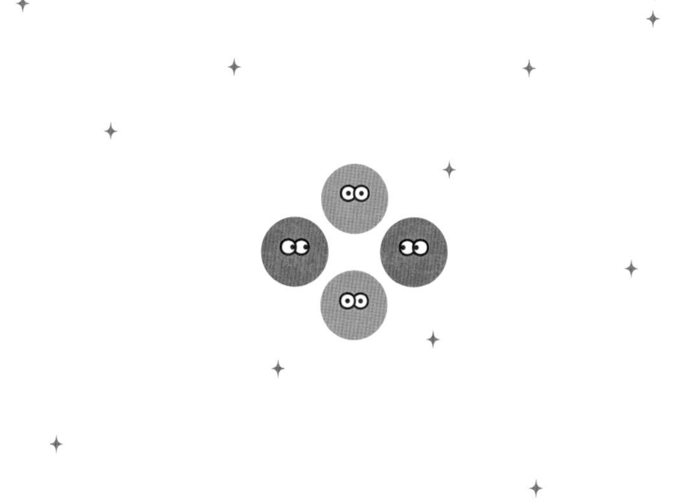

3장까지 읽으니 이제 양자역학이란 학문이 어떤 배경과 맥락 속에 탄생했는지 감이 좀 오지 않니? 이번 장에서는 양자역학을 원자나 전자처럼 미시 세계 속 입자에 적용할 때 얻는 결과물이 무엇인지, 그걸 어떻게 이해할 수 있는지 알아볼 거야. 이를 '양자역학 사용 설명서'라고 부를게. 그 과정에서 필연적으로 정말 이해하기 힘들고 아리송한 개념들이 등장한단다. 양자 상태의 '중첩'과 '얽힘'처럼 최근 양자 컴퓨터나 양자 암호 등 매우 뜨거운 이슈들에 자주 등장하는 개념도 알아볼 거야. 이번 장이 아마 양자역학이라는 세계를 여행하면서 가장 힘든 고비가 될 것 같네. 우리 함께 힘을 내 보자!

고전역학 사용 설명서 vs 양자역학 사용 설명서

우선, 양자역학 사용 설명서를 소개하기 전에 고전역학 사용 설명서를 복습해 볼까? 여는 글에서 이미 얘기했지만 고전역학에서 우리가 휘두르는 무기는 뉴턴의 운동방정식이야. 타자가 일정한 힘을 주어 배트로 친 야구공에 뉴턴 방정식을 적용하면 공이 날아가는 속도와 궤적을 정확히 구할 수 있지. 즉 고전역학 사용 설명서는 우리에게 거시적인 물체들의 운동에 대한 완벽한 답을 줘. 정보만 충분하다면 이론적으로 미래는 완벽히 결정되어 있는 거라고, 그래서 고전역학을 '결정론'이 지배하는 학문이라고 얘기했던 것도 기억나지?

하지만 이 상황은 양자역학으로 넘어 오면 완전히 바뀌어. 양자역학의 규칙을 아는 것은 우리가 한 번도 해 보지 못한 새로운 게임을 할 때 정신없이 헤매는 과정에서 그 게임의 규칙을 익히는 것과 비슷한 경험일 거야. 양자역학의 괴상한 법칙들은 그저 미시 세계를 설명하기 위한 새로운 규칙이라 생각하고, 이해는 되지 않더라도 그 규칙에 적응하려고 노력해야 해. 전혀 이해할 수 없는 게임이라 해도 규칙에 집중하면 어느 정도 적응할 수는 있잖아? 과학자들에게 양자역학이란 그런 것이었어. 비록 완벽히 이해할 수는 없다 하더라도 양자역학을 통해 미시 세계의 온갖 현상들을 설명할 수 있고, 그걸 바탕으로 다양한 전자 소자들, 문명의 이기들을 개발할 수 있었으니 말이야.

자, 이제 구체적인 예를 하나 들어 볼게. 미시 세계에서 어떤 입자, 가령 전자 하나가 작은 공간 속에 갇혀서 도저히 빠져나갈 수 없는 상태라고 하자. 이걸 '무한 우물 속 입자'라고 표현해 볼까? 도망치는 게 불가능할 만큼 무한히 깊은 우물 속에 갇힌 물체로 비유해서 이해하면 좀 나을 거야. 거시 세계에서 우리가 사용한 무기는 뉴턴의 운동방정식이었어. 미시 세계에서도 우리가 휘두를 수 있는 무기가 있어. 바로 3장에서 등장했던 '슈뢰딩거 파동방정식'이야! 슈뢰딩거 방정식을 미시 세계에 적용해 풀면 우리가 미시 세계로부터 얻을 수 있는 모든 정보를 알 수 있단다.

하지만 그 정보가 고전역학에서처럼 날아가는 전자의 정확한 속도나 궤적 같은 것일 거라고는 생각하지 마. 슈뢰딩거 파동 방정식을 갇혀 있는 전자에 적용해 풀면 우리는 다음과 같은 걸 구할 수 있어. 그건 바로 입자가 가질 수 있는, '고유 상태'라 부르는 특별한 상태들이야. 이 고유 상태를 보어의 원자 이론에서 등장했던 '정상 상태'라고 부르기도 해. 그리고 각 고유 상태마다 '고유 에너지'와 '고유 파동함수'라는 특징을 갖고 있어. 한번 소리내서 발음해 볼래? 고유 에너지와 고유 파동함수!!!

고유 에너지와 고유 함수!

과연 이게 의미하는 게 뭘까? 당연히 감이 안 올 거야. 단, '고유'라는 단어가 붙어 있는 걸로 봐서 갇혀 있는 입자가 가진 특별한 성질과 관련되어 있을 거야. 너의 이해를 도와줄 수 있는 예로서 다시 수소 원자를 가져와 볼게. 보어의 수소 원자 모델에서는 각 전자가 차지할 수 있는 궤도와, 그 궤도마다 특별한 에너지가 정해져 있다고 했지? 그 궤도 에너지가 바로 슈뢰딩거 방정식을 풀면 나오는 고유 에너지라고 보면 돼. 즉 슈뢰딩거 방정식을 수소 원자에 적용해서 풀면, 수소 원자의 전자가 가질 수 있는 궤도 에너지들을 구할 수 있단 얘기지.

같은 방법을 무한 우물 속에 갇힌 입자에 적용하면 이 입자가 가질 수 있는 고유 에너지도 구할 수 있어. 이런 고유 에너지를 '에너지 준위'라 부르기도 한단다. 이 중 가장 낮은 에너지 상태를 '바닥상태(ground state)'라고 불러. 그 위로 에너지가 높은 '여기상태(excited state)'들이 쫙 펼쳐져 있지. 바닥상태 에너지보다 높은 에너지를 가진 상태들을 여기상태, 혹은 들뜬상태라고 부른단다.

그리고 바닥상태와 여기상태들에 각각 특정 숫자를 부여할 수 있어. 바로 이 숫자가 앞에서도 나왔던 양자수란다. 고유 상태를 구분해 주는 양자수는 미시 세계에서 각 상태들에 대한 이름표와 같은 거야. 이걸로 상태들을 구분해 낼 수 있지. 뭔가 좀 복잡한 듯 보인다고? 그럼 이거 한 가지만 기억해.

무한히 높은 에너지 우물에 갇힌 입자 또는 수소의 원자핵에 묶여 있는 전자처럼 미시 세계의 입자들은 띄엄띄엄한 에너지값만 가질 수 있다! 이 에너지를 고유 에너지라 부른다! 이 사실만 기억하면 앞으로 남은 여행이 비교적 편해질 거야.

고유 상태의 또 하나의 특징은 그 상태에 놓인 입자가 가진 고유 함수 혹은 고유 파동함수야. 머리가 좀 아플 것 같지? 파동함수는 보어의 원자 모형에서 봤던 특정한 원궤도들을 뜻하는 걸까? 궤도와 비슷한 개념이긴 한데, 훨씬 더 미묘하단다. 고유 함수는 우리에게 해당 입자를 발견할 위치에 대한 확률의 정보를 알려줘. 더 정확히는 고유 함수를 제곱하면 입자를 발견할 확률을 알 수 있지. 도대체 확률이라니…. 그럼 입자가 어디에 있는지 알고 싶어서 측정을 하면, 가령 수소 원자핵 주변을 도는 바닥상태 전자의 위치를 측정하려 한다면 사전에 어디에서 발견될지 미리 정확히 아는 건 불가능하다는 말일까?

맞아. 우린 전자를 측정해서 위치를 확인하기 전까지는 전자가 어디에서 발견될지 몰라. 그저 각 위치에서 전자가 발견될 확률만 아는 거지. 이걸 동전을 이용해 비유해 보자. 공중으로 동전을 던질 때, 우리가 동전의 어느 면이 위로 올지 예측할 수 있을까? 동전의 각 면이 나올 확률이 50퍼센트 정도라는 건 알지만, 동전이 땅에 떨어져 멈추고 나서야 어느 면이 하늘을 향하고 있는지 알게 되잖아? 비슷한 맥락이야. 파동함수, 정확히 파동함수의 제곱은 전자가 어느 위치에서 측정될지 그 정보를 담은 확률만 알려줘. 그 확률에 따라 측정 후에 특정 위치에서 전자가 발견될 거야. 즉 파동함수가 큰 값을 나타내는 곳에서 전자가 더 자주 발견되겠지. 그렇지만 측정해서 확인하기 전까지는 정확히 어느 위치에서 전자가 발견될지 알 수는 없어. 이게 고전역학과 비교했을 때 양자역학이 보이는 결정적 차이점이지.

예를 들어 설명해 보는 게 좋겠구나. 다음 그림에는 무한 우물에 갇힌 바닥상태 입자의 파동함수를 제곱한 형상이 나타나 있어.

바닥상태에서는 파동함수의 제곱이 한가운데에서 볼록하게

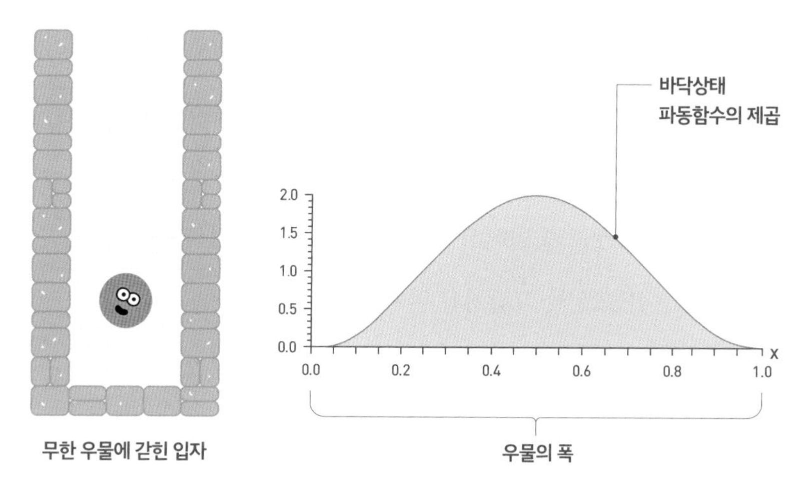

무한 우물에 갇힌 바닥상태의 입자는 어디에서 발견될까?

솟아 있고, 양끝으로 갈수록 줄어들다가 0이 되는 게 보이지? 즉 바닥상태에 놓여 있는 입자의 위치를 측정한다면 어디에서 발견될 확률이 높을까? 당연히 우물의 한가운데야. 거기서 발견될 확률이 높지만 그렇다고 거기서만 발견된다는 의미는 아니지. 다른 곳에서도 발견될 확률이 0이 아니니까 말이야. 그렇다면 이 확률의 분포를 실험적으로 확인할 수 있는 방법이 있을까?

응, 있어. 그건 무한 우물에 갇힌 입자를 엄청 많이 준비해서 실험을 여러 번 해 보는 거야. 다시 동전을 예로 들어 설명해 볼게. 동전의 두 면이 나올 확률은 각각 50퍼센트야. 이걸 확인하는 방법은 동전을 많이, 가령 6,000개 정도를 준비해서 한꺼번에 혹은 하나씩 던져 보면 되겠지? 그럼 약간의 차이야 있겠지만 각 면당 대략 3,000번 정도 나타날 거라는 점을 확실히 알 수 있지. 파동 함수도 마찬가지야. 무한 우물 속에서 바닥상태에 놓여 있는 입자를 100만 개 정도 준비해서 각 입자의 위치를 측정하면, 파동 함수의 제곱을 표현한 그림처럼 위치의 빈도수가 한가운데서 가장 높고 양쪽으로 갈수록 줄어드는 패턴을 보여. 이런 면에서 양자역학은 뭔가 완벽히 결정된다기보다는 본질적으로 확률적인 속성을 가지고 있다고 봐야 해.

수소 원자에 대해서도 슈뢰딩거 방정식을 풀면 전자에게 허용되는 특정 에너지 값의 고유 상태를 알 수 있고, 만약 전자가 그 상태 중 하나에 놓여 있다면 어디에서 발견될지 그 확률의 정보를 고유 함수로부터 알 수 있는 거야. 그러니 마치 인공위성이 지구 주위를 도는 것처럼 전자가 원자핵 주변을 돈다고 생각하면 안 되겠지? 전자가 특정한 궤도를 따라 도는 게 아니고 고유 함수에 의해서 결정되는 확률 정보만 갖고 있기 때문에 어떤 책에서는 '전자구름'이라는 표현을 쓰기도 해. 그렇지만 진짜 구름처럼 전자가 여기저기 퍼져 있다고 생각하지는 마. 우리가 말할 수 있는 것은 전자가 발견되는 확률일 뿐, 그 이상 얘기하는 건 불가능해. 원자 속 전자가 가질 수 있는 존재 확률, 즉 파동함수의 제곱의 분포도를 보면 고유 상태에 따라 얼마나 다양한 형상으로 파동함수가 존재할 수 있는지, 즉 전자의 확률 분포가 얼마나 다양한지 알 수 있어. 이런 걸 제대로 계산하고 이해하게 되어 우린 이제 원자나 분자를 자유자재로 다루면서 그 미시적 성질을 더 잘 이용할 수 있게 된 거란다.

양자 상태의 중첩

어때, 양자역학이 그리는 미시 세계의 모습은 정말 이상하지? 전자와 같은 입자가 가질 수 있는 상태 또는 에너지는 특정한 상태나 특정한 에너지 값으로만 제한된다니 말이야. 게다가 입자의 위치를 정확히 알 수 없고 확률적으로만 알 수 있다니….

그런데 지금부터 소개하려는 미시 세계의 이상한 특성을 들으면 고유 상태에 대한 얘기는 약과였다는 생각이 들지도 모르겠네. 바로 고유 상태의 '중첩(superposition)'이야. 이를 '포갬'이라고 부르기도 하지. 중첩은 말 그대로 서로 다른 특성들이 겹쳐 있다는 걸 의미해. 그래서 양자역학의 파동함수가 나타낼 수 있는 정말, 정말, 정말 이상한 성질이지. 마음 같아서는 '정말'이라는 단어를 백 번 정도 반복하고 싶구나.

중첩이라는 개념을 설명하기 위해 이번에는 주사위의 예를 들어 볼게. 물론 이건 어디까지나 비유일 뿐이라는 점을 명심해. 주사위의 여섯 면을 주사위가 가질 수 있는 고유 상태라고 생각해 보자. 이걸 |1〉, |2〉, |3〉, |4〉, |5〉, 그리고 |6〉라고 표시할 수 있어. 여기서 사용한 '|…〉' 기호는 실제 양자역학에서 쓰이는 기호인데, 이 책에서는 그저 고유 상태를 표시하는 기호라고만 생각해 줘. 주사위를 공중에 던졌을 때 허공에 떠서 움직이는 주사위의 상태는 뭐라고 표현할 수 있을까? 그 주사위는 |1〉부터 |6〉까지의 모든 가능성을 동등하게 다 가지고 있지. 그래서 나라면 그 주사위의 상태를 (|1〉+|2〉+|3〉+|4〉+|5〉+|6〉)로 표현할 것 같아. 여섯 가지 가능성을 모두 내포하고 있다는 맥락에서 말이야. 이게 바로 양자 중첩 상태를 표현하는 방식과 비슷하단다.

하지만 주사위는 미시 세계의 입자가 아니니 이제 수소 원자를 가지고 중첩 개념을 설명해 볼게. 앞에서 설명한 것처럼 수소 원자에 슈뢰딩거 방정식을 적용하면 전자가 가질 수 있는 고유 상태들과 고유 에너지들이 구해지겠지? 이 고유 상태들을 이제 고유 에너지 기호를 이용해서 |1〉, |2〉, |3〉…과 같이 표현해 보자. 이

중에서 $|1\rangle$은 에너지가 가장 낮은 바닥상태, 그리고 $|2\rangle$는 그보다 에너지가 높은 첫 번째 여기상태라고 가정하자. 수소 원자는 당연히 $|1\rangle$ 상태에 있을 수도 있고 $|2\rangle$ 상태에 있을 수도 있어. 그런데 정말 이상한 건 수소 원자는 $|1\rangle$과 $|2\rangle$의 중첩 상태에도 있을 수 있다는 거야! 마치 공중에 던져진 주사위처럼 말이야. 만약에 수소 원자가 바닥상태와 첫 번째 여기상태의 중첩 상태를 이루고 있다면, 이 중첩 상태를 나타내는 파동함수를 '$|\psi\rangle = |1\rangle+|2\rangle$'라 표현할 수 있어. 여기서 ψ는 그리스 문자로서, 파동함수를 표현할 때 주로 사용하는 기호인데 '프사이(psi)'라고 읽는단다. 정리해 보면 위의 $|\psi\rangle=|1\rangle+|2\rangle$는 바닥상태와 첫 번째 여기상태의 성질을 다 가지고 있다고 볼 수 있어.

이렇게 $|1\rangle$과 $|2\rangle$의 중첩 상태에 놓인 수소 원자의 에너지를 측정하면 어떤 결과가 나올까? $|1\rangle$의 상태에 있었다면 바닥상태 에너지가 측정될 거고, $|2\rangle$의 상태였다면 첫 번째 여기상태의 에너지가 측정되는 건 당연할 거야. 그런데 두 상태가 섞여 있으면 바닥상태 에너지와 첫 번째 여기상태 에너지의 평균값이 나올까? 그렇지 않아.

다시 주사위의 비유로 설명해 볼게. 주사위가 공중에서 돌 때는 ($|1\rangle+|2\rangle+|3\rangle+|4\rangle+|5\rangle+|6\rangle$)로 표현되는 중첩 상태를 이루었잖아?

그런데 주사위가 땅에 떨어져 몇 번 튕기다 멈추면 우린 저 여섯 상태 중 하나의 상태로 귀결된다는 걸 알고 있어. 결국 땅에 떨어져 멈출 때 확인을 하면 총 여섯 가지의 고유한 상태(여섯 면) 중 하나로 결정되는 거야. 양자역학에서도 비슷한 일이 벌어져. 중첩된 파동함수의 에너지를 측정하면 중첩에 참여하고 있는 고유상태의 에너지들 중 하나만 측정되지. 즉 $|\psi\rangle=|1\rangle+|2\rangle$의 중첩 상태를 가진 수소 원자의 에너지를 측정한다면 바닥상태 에너지와 첫 번째 여기상태의 에너지 중 하나만 측정될 거야. 그렇다면 이런 중첩 상태의 파동함수를 가진 입자의 에너지를 측정하기 전에, 어떤 고유 에너지가 측정될지 미리 알 수 있을까? 아쉽게도 그런 방법은 없어. 불가능해.

그러나 이 경우에도 각 고유 에너지를 측정할 확률만큼은 알 수 있단다. $|\psi\rangle = |1\rangle+|2\rangle$라는 중첩 상태를 보면 $|1\rangle$과 $|2\rangle$가 동등하게 섞여 있다는 걸 알 수 있지. 따라서 이 중첩 상태에 놓인 입자를 100만 개 준비한 후 일일이 에너지를 측정해서 조사한다면, 바닥상태 에너지를 가진 입자가 약 50만 개, 그리고 첫 번째 여기상태를 가진 입자가 약 50만 개로 확인될 거야. 주사위를 던지면 어떤 눈이 나올지는 모르지만 각 눈이 나올 확률이 대략 6분의 1 정도라는 걸 아는 것과 비슷한 거지.

그럼 중첩 상태의 입자를 측정해 보니 바닥상태로 확인되었다고 해 보자. 이때 측정이 끝난 이 입자는 계속 |1⟩+|2⟩라는 중첩 상태에 놓여 있을까? 좀 부자연스럽지? 당연히 바닥상태의 고유함수인 |1⟩로 파동함수가 바뀐단다. 측정 후에 첫 번째 여기상태로 확인된 경우에는 파동함수가 |2⟩로 변하고 말이야. 이처럼 측정을 통해서 파동함수가 갑자기 바뀌는 걸 전문적인 용어로 '파동함수의 붕괴'라고 부른단다. 그러고 보면 중첩 상태라는 건 정말 신기한, 우리 주변에서는 절대 볼 수 없는 미시 세계만의 특징인 셈이지. 그리고 6장에서 소개할 양자 컴퓨터의 구현 원리에는 고유 함수의 중첩이라는 개념이 엄청나게 중요한 역할을 한단다.

너무 정신이 없다고? 맞아. 대학교에 들어가서 1년 동안 배우는 어머어마한 내용을 이 얇은 책 하나로 다 이해하는 건 불가능하지. 여하튼 확실하게 말할 수 있는 건, 양자역학은 인간이 발전시켜 온 과학 중에서 가장 정확한 학문이라는 거야. 원자나 분자의 행동을 이해하는 데도 필수적이지만, 고체처럼 우리가 주변에서 흔히 볼 수 있는 물질들이 왜 그런 성질을 띠는지도 알려주지. 가령 금속은 왜 전기를 잘 통하는데 플라스틱은 전기가 통하지 못하는 부도체인지, 왜 어떤 물체는 전기 저항이 전혀 없는 초전도체가 되는지도 양자역학을 통해서 이해할 수 있어. 그래서 다음 장에서는 양자역학을 통해 물질을 바라보는 방법을 다룰 거야. 원자에서 출발해 분자를 거쳐 우리가 손으로 만질 수 있는 고체까지 다뤄 보는 거야.

5

원자에서 물질로

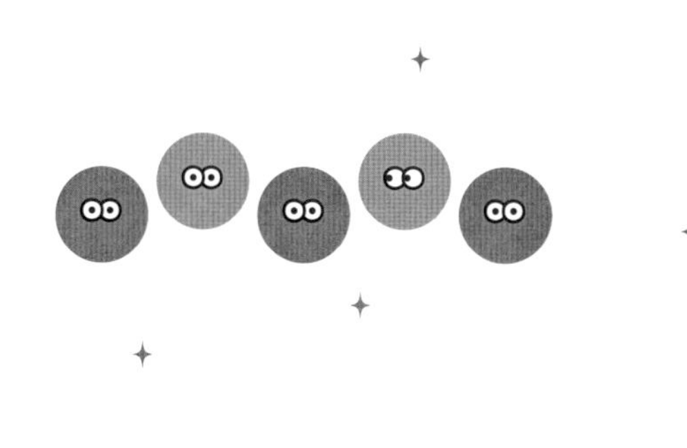

이번 장에서는 양자역학의 규칙을 통해 하나의 원자에서 출발해 원자들이 결합한 분자들, 그리고 무수히 많은 원자 또는 분자들이 만나 이루는 고체와 같은 물질들을 들여다볼 차례야. 왜 원자마다 특성들이 그토록 다른지, 원자와 원자가 만나 이루는 분자는 원자와 어떤 관련이 있는지, 우리가 주변에서 보는 물질들은 어떻게 다양한 특성을 보이는지와 같은 얘기들을 해 보려고 해. 실제로 우리가 주변에서 볼 수 있는 물질들은 원자보다는 분자가 훨씬 흔할 뿐만 아니라, 원자나 분자가 모여 이루는 액체나 고체 상태의 물질들이 더 흔하거든. 이들이 사실상 우리가 직접 보고 만지고 다룰 수 있는 물질들이지. 양자역학은 이 물질들을 이

해하기 위해서라도 반드시 활용해야만 하는 과학의 원리이자 도구란다.

원자 속 전자 쌓아 올리기

우선, 이 우주에 존재하는 원소•가 총 몇 가지인지 아니? 다시 말하면, 주기율표를 채우는 원소의 종류를 물어보는 거야.

원소는 원자핵을 구성하는 양성자의 개수로 구분할 수 있어. 원자들은 중성이니 (+)전하를 가진 양성자의 수와 (-)전하를 띠는 전자의 수는 똑같아. 이 양성자의 수(=전자의 수)가 바로 '원자 번호'지. 원자 번호가 1번인 수소 원자(H)는 원자핵의 양성자도 1개, 전자도 1개이고, 원자 번호가 2번인 헬륨(He)은 핵 속 양성자도 2개, 전자도 2개야. 자연에 존재하는 원소는 원자 번호 1번인 수소에서 출발해 원자 번호 92번인 우라늄(U)까지야. 아, 핵무기에 사용되는

• 원자 대신 갑자기 원소라는 단어를 써서 좀 당황했니? 원자는 실제로 사물을 구성하고 있는 입자들이고 이 원자들을 성질에 따라 분류한 게 원소야. 쉽게 말하면 우주에는 엄청난 수의 수소 '원자'들이 있지만 이 모든 수소 원자들은 수소라는 '원소'의 성질을 갖고 있지. 세상에는 정말 다양한 사람들이 엄청 많이 살고 있지만 이 사람들의 공통점을 모아서 '인간'이라는 종을 정의할 수 있는 거랑 비슷해.

	1	2	3	4	5	6	7	8	9	10	11	12	13	14	15	16	17	18
1	1 H																	2 He
2	3 Li	4 Be											5 B	6 C	7 N	8 O	9 F	10 Ne
3	11 Na	12 Mg											13 Al	14 Si	15 P	16 S	17 Cl	18 Ar
4	19 K	20 Ca	21 Sc	22 Ti	23 V	24 Cr	25 Mn	26 Fe	27 Co	28 Ni	29 Cu	30 Zn	31 Ga	32 Ge	33 As	34 Se	35 Br	36 Kr
5	37 Rb	38 Sr	39 Y	40 Zr	41 Nb	42 Mo	43 Tc	44 Ru	45 Rh	46 Pd	47 Ag	48 Cd	49 In	50 Sn	51 Sb	52 Te	53 I	54 Xe
6	55 Cs	56 Ba	* 71 Lu	72 Hf	73 Ta	74 W	75 Re	76 Os	77 Ir	78 Pt	79 Au	80 Hg	81 Tl	82 Pb	83 Bi	84 Po	85 At	86 Rn
7	87 Fr	88 Ra	* 103 Lr	104 Rf	105 Db	106 Sg	107 Bh	108 Hs	109 Mt	110 Ds	111 Rg	112 Cn	113 Nh	114 Fl	115 Mc	116 Lv	117 Ts	118 Og
			* 57 La	58 Ce	59 Pr	60 Nd	61 Pm	62 Sm	63 Eu	64 Gd	65 Tb	66 Dy	67 Ho	68 Er	69 Tm	70 Yb		
			* 89 Ac	90 Th	91 Pa	92 U	93 Np	94 Pu	95 Am	96 Cm	97 Bk	98 Cf	99 Es	100 Fm	101 Md	102 No		

주기율표

플루토늄(Pu, 원자 번호 94번)도 인공적으로 합성된 후에는 자연에 소량 남아 있을 수 있다고 해.

여하튼 우라늄보다 무거운 원소들은 인간이 인공적으로 합성한 원소들이고 대부분 수명이 매우 짧아서 안정적으로 유지되지 못하고 더 가벼운 원소들로 분열되어 버려. 그런데, 원자핵 주변을 도는 전자의 수는 1개부터 90개 이상인데, 그토록 많은 전자들이 어떤 식으로 원자핵 주변을 돌아다니는 걸까? 앞 장에서 원자에 슈뢰딩거 파동 방정식을 적용하면 전자들이 차지할 수 있는 고유 상태들이 나온다고 했지? 그렇다면 수십 개의 전자들은 이 고유 상태들에 어떤 방식으로 배치되는 걸까? 전자의 배치가 원자들의 성질을 어떻게 결정하고, 또 원자들이 분자를 만들거나 고체와 같은 물질을 만드는 과정에서 어떤 역할을 하는 것일까? 이번 장에서는 이런 얘기들을 해 보려고 해. 그걸 설명하기 위해서 전자의 신기한 성질 하나를 언급하지 않을 수 없겠구나. 여러 번 얘기한대로 전자는 음전하를 띠고 있고 입자니까 당연히 질량도 갖고 있어. 그런데 이런 친숙한 성질들 외에도 전자는 '스핀(spin)'이라는 성질을 갖고 있난다!

스핀이라는 단어를 들으니 뭐가 떠오르니? 팽이? 김연아 선수의 멋진 회전? 맞아. 일상생활에서는 무언가 회전하는 물체에 대해 스핀을 받고 있다는 식으로 표현하지. 그러니 과학자들이 전자의 스핀이라는 성질을 처음 발견했을 때 전자가 지구처럼 스스로 자전하는 거라고 생각한 것도 무리는 아니야. 어떤 회전축에 대해 물체가 자전할 수 있는 방향은 둘이겠지? 오른쪽으로 도는 거랑 왼쪽으로 도는 것 말이야. 그런데 공교롭게도 전자의 스핀 값이 두 개로 확인되었으니 이 두 개념을 연결시킨 것은 자연스러운 전개였던 것 같아. 그래서 전자의 두 스핀 값을 나타낼 때 자전하는 입자의 두 회전 방향으로 비유하곤 했지.

그런데 전자에 대해 알면 알수록 스핀은 전자가 회전하는 것을 가리키는 게 아니라, 전자가 갖고 있는 본질적인 성질이라는 사실이 밝혀져. 질량이나 전하처럼 말이야. 어떤 얘기냐면 전자의 스핀에 대응되는 성질을 우리 주변, 즉 거시 세계에서는 발견할 수 없단 얘기지. 그건 그냥 미시 세계 속 입자들이 가지는 어떤 기본 성질이다, 이렇게 받아들이는 게 편해. 굳이 스핀이라는 성질을 머릿속에 그려 보고 싶어서 전자가 자전하는 걸 상상해도 말리진 않겠지만, 그건 어디까지 비유일 뿐이고 정확한 설명은 아니라는 점을 명심해.

여하튼 내가 어떤 한 방향을 정하면 그것에 대해 전자가 가지는 두 종류의 스핀이 생겨. 가령 수직 방향을 선택한다면 전자의 스핀은 그 방향과 나란한 값 혹은 그 방향과 반대인 값 등 두 가

전자의 스핀 값을 나타내는 두 가지 회전.
이건 물론 비유적인 그림이야.

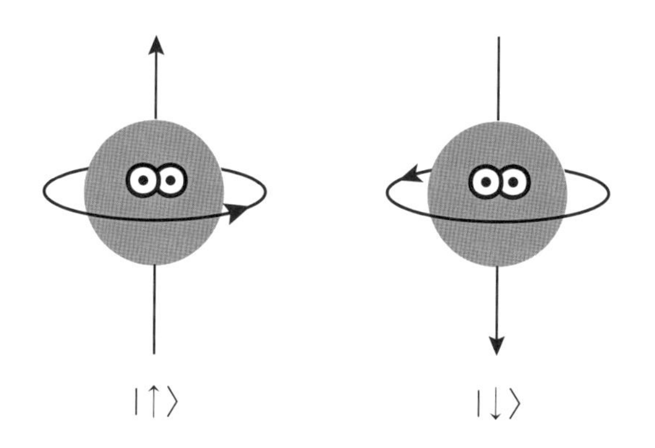

지만 가질 수 있지. 그래서 이를 기호로는 ↑와 ↓로 표현할 수 있어. 앞장에서 썼던 파동함수를 나타내는 기호까지 활용해서 |↑⟩와 |↓⟩로 나타낼 수도 있지.

이제부터 스핀의 속성까지 가진 전자들이 원자핵 주변에 어떤 규칙으로 배치되는지 알아보도록 하자. 원자핵에 묶인 전자는 정상상태라는 특정한 에너지를 가진 상태들 중 하나에만 머물 수 있다는 건 이미 얘기한 바 있어. 허용된 에너지가 띄엄띄엄 떨어져 있는 정상상태들은 에너지가 가장 낮은 바닥상태로부터 출발해서 순차적으로 에너지가 높아지는 상태들로 나열할 수 있다는 것, 이들을 양자수 n으로 구분한다는 것까지 말이야.

재미있는 건 각 에너지마다 전자가 채울 수 있는 정상상태들이 여럿 있을 수 있다는 거야. 이 상태를 어떤 경우에는 '오비탈(orbital)', 즉 '전자 궤도'라 부르기도 해. 그래서 앞으로는 이 정상상태들을 전자 궤도 혹은 더 줄여서 궤도라 부를게. 정상상태 혹은 궤도를 아파트의 방으로 비유하자면, 같은 층의 방들은 서로 다른 정상상태지만 에너지는 같은 거야.

그럼 지금부터 원자핵 주변을 도는 여러 개의 전자가 각 궤도를 어떤 방식으로 채우는지 알아볼게.

다음 그림을 한번 보자. 왼쪽에는 가운데에 원자핵이 있고 그

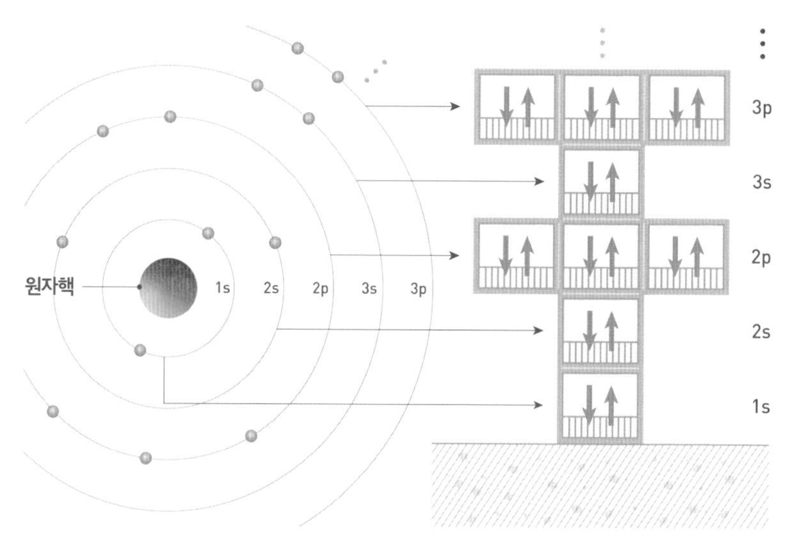

원자핵 주변을 도는 여러 전자들이 각 궤도를 채우는 방식을
아파트의 층 구조로 표현했다.
층이 높을 수록 에너지가 높은 전자 궤도다.

주변에 전자가 들어찰 수 있는 궤도들이 그려져 있어. 물론 이렇게 원 형태로 나타낸 건 편의상 그린 것일 뿐, 실제로 뚜렷한 형태의 궤도가 아니라는 건 이제 기억하겠지? 그 오른쪽에는 아파트의 층 구조로 각 궤도마다 전자들이 차지할 수 있는 방의 수를 표현했어. 아파트의 가장 아래층은 에너지가 제일 낮은 바닥상태를 의미해. 거기에는 방이 하나만 있지? 그게 바로 1s라는 이름의 방이야. 그 다음으로 에너지가 높은 두 번째 층에도 방이 하나 보이지? 이름은 2s로 되어 있고 말이야.

그런데 이보다 에너지가 더 높아지면, 똑같은 에너지를 가진 궤도(정상상태)가 여러 개 있을 수 있단다. 세 개의 방이 있는 2p로 표시한 3층처럼 말이야. 아파트 각 층마다 궤도들의 이름이 명찰처럼 써 있지. 물론 이 그림에서는 s와 p 궤도만 표현했고 그 위층의 d, f 같은 궤도들은 표현하지 않았어. 정말 이상한 구조의 아파트지? 각 층마다 1s, 2s, 2p 등의 이름이 붙어 있는데 이건 그냥 각 층을 표현하는, 에너지가 같은 층들을 일컫는 기호라 생각하면 돼. s, p, d와 같은 기호의 앞에 붙은 숫자는 양자수를 나타내고.

그럼 이런 괴상한 모양의 아파트에 입주하려는 전자들은 어떤 방식으로 아파트의 각 방을 차지하며 살 수 있을까? 전자들의 입주 방식을 결정하는 건 당연히 양자역학적인 규칙이야. 입주민에 해당하는 전자의 수가 여러 개라면 전자는 우선 가장 낮은 에너지를 가진 바닥상태부터 채워 나가기 시작한단다. 그리고 차츰차츰 위쪽으로 채워 올라가지. 다시 그림의 아파트로 비유해 본다면, 전자 입주민들은 아파트의 가장 아래층인 1s 궤도부터 채우며 올라가기 시작한다는 거야.

그런데 여기서 꼭 기억해야 할 규칙이 하나 있어. 이 아파트는 특이한 규칙을 갖고 있어서 한 방의 입주민 수는 최대 두 명으로 엄격히 제한되어 있어. 그래서 각 방에 전자는 최대 두 개까지 들

어갈 수 있지. 게다가 그 두 전자의 스핀은 반드시 방향이 반대여야 해! 이 규칙은 전자라는 입자의 특성에 따른 양자역학적인 규칙이라서 전자는 이를 반드시 지켜야만 해.• 그러니 아파트의 가장 낮은 층, 즉 에너지가 제일 낮은 바닥상태(1s)에는 스핀이 각각 |↑⟩, |↓⟩인 두 개의 전자가 들어갈 수 있어. 그 다음 2층(2s)에 있는 방에도 동일한 방식으로 두 개의 전자가 서로 다른 스핀을 가지고 들어가지. 3층(2p)엔 방이 세 개지? 그럼 전자 입주민은 총 6명(6개의 전자)까지 허용된다는 거야.

이런 방식으로 차곡차곡 전자가 허용된 궤도들을 채우며 원자의 구조가 만들어진단다. 그래서 전자 궤도를 순서대로 채워 나가는 방식으로 원자를 추적하면 그게 바로 주기율표를 구성하는 원소들이 되는 거지. 앞서 그림에 보이는 예에는 1층부터 5층까지 총 18개의 전자가 방을(전자 궤도를) 채우고 있어. 전자가 여기까지만 존재하고 그 위의 궤도는 비어 있다면, 원자 번호 18번인 아르곤(Ar) 원자에 해당하겠구나.

• 이 원리를 파울리(Pauli) 배타 원리라고 부른단다. 여기서 파울리는 양자역학이 성립하던 시기에 활발하게 활동했던 오스트리아의 유명한 물리학자야.

모두가 부러워하는 비활성 기체와 주기율표의 비밀

자, 지금부터는 이런 전자들의 배치가 원소의 성질과 어떻게 관련되는지 알아보자. 다시 한 번 99쪽의 그림을 보면 전자의 다양한 궤도들은 결국 궤도 에너지를 기준으로 분류되어 있고, 거기를 아래부터 차곡차곡 채운다는 걸 알 수 있을 거야. 에너지가 제일 낮은 바닥상태인 n=1은 하나의 궤도에 두 개의 전자, 2층과 3층의 아파트를 차지하는 두 종류의 궤도인 2s, 2p에는 네 개의 방에 총 8개의 전자 등등으로 말이야. 원자번호가 커지며 전자의 수가 점차 늘어나면 양자수 n이 바뀌는 때가 있겠지? 가장 쉬운 경우는 n=1일 때 두 개의 전자가 1s 궤도를 채운 헬륨(He, 원자 번호 2번)이야. 그 다음으로는 여기에 더해 n=2인 네 개의 상태까지 모두 채운 네온(Ne, 원자 번호 10번)이 되겠구나. 그 다음은 앞의 아파트 예에서 언급한, 즉 3p인 상대까지 모두 채운 아르곤(Ar, 원자 번호 18번)이 될 거야. 여기서 전자가 하나 늘어나면 양자수 n이 바뀌면서 4s라는 다음 층으로 올라가. 이처럼 양자수 n이 하나 커지기 전 가장 바깥쪽 p궤도를 모두 채운 원자들은 주기율표상에서 가장 오른쪽 열에 배치되어 있단다. 위로부터 아래로 헬륨,

네온, 아르곤, 크립톤(Kr, 원자 번호 36번), 제논(Xe, 원자 번호 54번) 등이 정렬해 있지. 이들은 보통 비활성 기체라 불려. 비활성이란 얘기는 화학적으로 활발하지 않다는 거지. 즉 이 계열의 원자들은 다른 원자들과 결합하지 않고 분자도 거의 이루지 않아.• 고독하게 자기 혼자서 버티는 존재들이란다. 그러니 상온에서 기체의 상태를 유지하며 혼자서만 놀고 있지.

비활성 기체들은 왜 이렇게 지독한 외톨이가 된 것일까? 원자가 화학적으로 얼마나 활발한지, 즉 얼마나 적극적으로 다른 원자와 결합하려 하는지는 주로 바깥쪽 궤도의 전자에 의해서 결정된단다. 안쪽 궤도에 있는 전자들이야 원자핵에 강하게 붙들려 있고 외부로 잘 노출되지 않으니까 말이야. 그래서 원자핵에서 멀리 떨어져 있는 전자들이 원소의 화학적 성질을 지배하는 거지. 원자 번호가 증가하면 전자의 수도 함께 증가하면서 양자수 n이 하나 더 커지기 전에 그 아래 p궤도들을 남김없이 꽉꽉 채우는 경우가 발생해. 이 경우에 해당하는 원소들이 바로 비활성 기체들이란다. 비활성 기체에 속하는 원자들의 특징은 화학결합에 관여하는 바깥쪽 궤도에 전자가 차고 넘치지도, 모자라지도 않게

• 제논(Xe)처럼 전자가 굉장히 많은 경우에 한해서, 특별한 조건에서 아주 제한적으로 분자를 만드는 경우가 있기는 해.

완전히 꽉 차 있다는 점이지! 전자가 모자라지도, 차고 넘치지도 않으니 그만큼 무척 안정적이야. 다른 전자를 더 수용할 수 있는 공간이 전혀 없으니 자기 혼자 만족하며 지낼 수 있는 거란다.

위의 이야기는 결국 비활성 기체에 속하는 원소들에 비해 바깥 궤도가 꽉 차 있지 않은 원자들은 화학적으로 매우 활발하게 행동할 가능성이 높다는 걸 뜻해. 그래서 지금부터 주기율표상에서 비활성 기체 주변에 분포한 원소들을 살펴볼게. 만약 가장 바깥쪽 궤도에 전자가 하나 모자란다고 가정해 보자. 입주가 가능한 아파트의 꼭대기 층에 딱 한 명의 입주민이 모자란 상태인 거지. 주기율표상에서 비활성 기체들이 놓인 줄의 바로 왼쪽에 있는 불소(F, 원자 번호 9번), 염소(Cl, 원자 번호 17번), 브롬(Br, 원자 번호 35번), 요오드(I, 원자 번호 53번) 등이 바로 여기에 해당해.• 이들은 화학결합에 참여하는 가장 바깥쪽 궤도를 꽉 채우는 조건에서 전자가 딱 하나 모자라. 뭘 기준으로? 가장 안정적인 비활성 기체에 속하는 원소들을 기준으로 말이야. 만약에 외부로부터 전자를 딱 하나 영입해서 부족한 궤도를 채울 수 있다면 비활성 기체들처럼 안정적인 상태를 만들 수 있을 텐데 말이지. 예를 들어 아파트의 한 동에서 딱 한 집만 미분양이라면 분양사는 어떤 수를 써서

• 이들을 할로겐(halogen) 원소라고 불러. 들어 본 적 있지?

라도 그 비어 있는 집을 분양해 아파트를 모두 채우려 하겠지? 그럼 이 할로겐 원소들은 어떻게 행동할까? 주변의 다른 원자나 물질들로부터 전자를 하나 빼앗아 바깥쪽 궤도를 꽉 채우려 할 거야. 하지만 전자가 하나 늘어나면 중성이던 원자의 상태가 깨지겠지? 원래 중성인 경우보다 전자가 하나 늘어났으니 말이야. 그래서 이들은 전자가 하나 더 많은 음이온이 되려는 성질이 강해.

비슷한 일이 주기율표에서 가장 왼쪽 열에 있는 알칼리(alkali) 원소들에서도 벌어진단다. 여기에는 소금의 성분 중 하나인 나트륨(Na, 원자 번호 11번)을 포함해 칼륨(K, 원자 번호 19번), 루비듐(Rb, 원자 번호 37번), 세슘(Cs, 원자 번호 54번) 등이 있어. 이들은 비활성 기체에 속하는 원소들보다 원자 번호가 하나씩 높아. 비활성 기체들은 에너지가 가장 높은 바깥쪽 궤도가 완전히 차 있으니, 이보다 전자가 하나 더 많다면 그 전자는 양자수가 하나 더 높은 바깥쪽 궤도로 올라갈 수밖에 없겠지? 네온과 나트륨을 예로 든다면 네온은 n=2인 궤도까지 10개의 전자로 꽉 차 있는 상태이고, 이보다 전자가 하나 더 많은 나트륨은 그 여분의 전자를 어쩔 수 없이 n=3인 3s 궤도에 수용해야 해. 그래서 알칼리 원소들은 바깥의 궤도에 전자가 외롭게 딱 하나씩만 들어 있는 원소들이야. 결국 전자 궤도라는 아파트의 꼭대기 층 방이 대부분 비어 있고,

딱 한 명의 입주민만 한 방에서 외롭게 살고 있는 꼴이 되는 거지.

그러니 알칼리 원소들은 어떻게 행동할까? 맞아, 이 외로운 전자를 쫓아내고 꽉 채운 궤도 상태를 유지하며 안정을 추구하려 하지. 따라서 이 알칼리 원소들은 전자를 하나 포기하고 양이온이 되려는 경향이 강해. 이 때문에 반응성이 매우 높아서 이 원소들을 다루려면 상당한 주의가 필요하단다.

자, 원소의 궤도 속 전자들의 배치 상태에 따라 원소들이 어떤 식으로 분류되는지 알겠지? 결국 대충 말하면, 주기율표는 전자들의 궤도 배치 상태에 따라 화학적 성질이 비슷한 원소들끼리 분류해 놓은 자리 배치도라고 할 수 있어. 인류가 쌓아 온 원자에 대한 핵심적 지식이 잘 정리된 자산이기도 하고. 물론 풀어 놓지 못한 얘기들도 많단다. 예를 들어 탄소(C, 원자 번호 6번)나 실리콘(Si, 원자 번호 14번)처럼 바깥쪽 궤도에 전자가 적당히 차 있는 원소들은 어떻게 안정성을 추구할까? 이 부분은 분자나 물질에 대한 내용에 조금 담아 볼 수 있을 것 같구나. 조금만 기다려 줘.

자, 지금까지 양자역학이 원자들을 어떻게 설명할 수 있는지 알아봤어. 원자의 구조, 원자 속 전자들의 배치와 특성, 주기율표 속 원소들이 왜 현재와 같은 식으로 배열되어 있는지 등등 정말 많은 걸 배웠어. 이제 원자와 원자가 연결되어 형성하는 분자, 그리고 이들이 많이 모여 만드는 고체에 대해 생각해 볼 차례야. 지금부터 개별 원자들이 어떤 이유로, 그리고 어떤 방식으로 분자나 고체를 만드는지 확인해 보자.

원자에서 분자로

네온이나 아르곤처럼 화학적으로 너무나 안정적이라서 분자를 이루지 않는 원자들도 있지만 사실 우리가 주변에서 볼 수 있는 물질들은 대부분 분자나 고체처럼 원자들이 결합해 형성한 것들이란다. 지구의 대기는 대부분 질소와 산소로 이루어져 있다는 걸 잘 알고 있지? 이때 질소와 산소는 원자가 아니고 분자를 의미해. 즉, 질소 원자(N) 두 개가 결합한 질소 분자(N_2)와 산소 원자(O) 두 개가 결합한 산소 분자(O_2)가 지구의 대기를 이루는 주성분이지. N_2나 O_2 기호에서 숫자 2는 두 개의 원자가 결합해 있다는 의미야. 그럼 산소 원자가 세 개 결합한 오존 분자는 O_3로 나타낼 수 있겠지? 산소 분자나 질소 분자뿐 아니라 지구에는 정말 풍부하고 다양한 분자들이 있단다. 이 중에는 수소 분자(H_2)처럼 매우 가벼운 것들도 있지만, 고분자(polymer)처럼 수천~수십만 개의 원자들이 연결된 거대 분자들도 있어. 어떤 면에서는 생명체의 유전 정보를 간직한 DNA도 거대 분자라 볼 수 있겠구나. 만약 이 세상이 원자만으로 구성되어 있다면 우린 고작 100여 개도 안 되는 원소들이 만드는 매우 단조로운 세상에서 살고 있을 거야. 아, 물론 생명이 탄생하는 것도 불가능했을 테니 인간도 진화할 수 없었겠구나.

그럼 산소나 질소를 포함한 많은 원자들은 왜 혼자 고독을 즐기지 않고 다른 원자들과 만나 결합하여 분자나 고체를 만드는 걸까? 그건 바로 서로 연결되어 결합을 해야만 더 안정적인 상태로 바뀌기 때문이지. 안정적이라는 게 무슨 의미냐고? 단순하게 말하면 안정적인 상태는 에너지가 낮은 상태라는 거야. 이걸 비유를 통해 설명해 볼게. 가령 높은 언덕 위에 놓인 공은 좀 불안한 상태겠지? 누가 살짝 건드리면 쑥 굴러 떨어지며 평지로 내려오잖아. 자연과 우주는 본질적으로 에너지가 낮은 상태를 선호한단다. 언덕 위에서 불안하게 정지해 있는 공보다는 저지대에 안착해 안정적으로 놓여 있는 공의 상태를 더 선호한다는 거지. 이건 거칠고 단순한 비유지만, 원자 두 개가 결합하기 전의 상태를 언덕 위의 공이라 하면 결합해서 에너지가 낮아진 분자는 평지로 떨어져 안정을 되찾은 공에 비유할 수 있어.

그런데, 원자와 원자가 결합해 에너지를 낮추는 과정은 어떻게 이루어질까? 여기에는 몇 가지 방식이 있어. 원자는 가운데 원자핵과 그 주변을 도는 전자로 이루어져 있다고 했지? 만약 양이온으로 변한 알칼리 원소와 음이온으로 변한 할로겐 원소가 가까이 놓여 있다면 어떻게 될까? 반대의 부호를 가진 전기 전하들은 서로를 전기력으로 끌어당긴다는 사실, 기억할 거야. 따라서 양이온과 음이온은 전기력으로 결합할 수 있어. 일상생활에서 이 원리로 결합한 대표적인 물질이 바로 우리가 매일 음식을 통해 섭취하는 소금이지. 소금은 나트륨(Na^+)과 염소(Cl^-) 이온이 교대로 배치되어 구성된 결정•이라는 걸 기억하고 있겠지?

다른 방법은 두 원자가 전자들을 사이좋게 공유하는 거야. 수소 분자를 예로 들어 볼게. 수소 원자 하나는 전자가 하나 밖에 없어. 비활성 기체 중 가장 가벼운 헬륨은 전자가 두 개라서 전자 궤도가 완전히 꽉 차 있고 매우 안정적이야. 그런데 수소는 그렇지 못하니 어떻게 해서든 전자가 하나 부족한 궤도에 전자를 보충해서 헬륨을 닮고 싶어 하지. 물론 다른 수소로부터 전자를 하나

• 원자들이 일정한 간격으로 주기적으로 배치되어 있는 고체를 결정이라고 해. 결정처럼 딱딱하지만 원자들이 마구잡이로 불규칙하게 연결되어 있는 물질들도 있어. 유리가 대표적이지.

뺏어 와서 헬륨 흉내를 낼 수도 있지만, 통 크게 자신의 전자를 내놓고 이를 사이좋게 다른 수소와 공유할 수도 있어. 수소 분자에는 수소 원자가 두 개 있으니, 두 원자가 자신들의 전자를 각각 내놓고 공유한다면 헬륨처럼 두 개의 전자를 가진 셈이니까 함께 행복할 수 있는 거지. 앞에서 잠깐 언급했던 탄소와 실리콘도 비슷한 방식으로 전자를 공유하며 결합을 해.

중요한 건 이때 수소 분자 속 두 전자는 어느 한쪽 수소 원자의 배타적 소유물이 아니라는 거야. 즉, 두 수소 원자가 함께 소유하는 전자가 되어 버리는 거지. 어떤 부부의 자식이 일방적으로 엄마나 아빠의 자식이 아니라 두 부모의 공통된 자식인 것처럼 말이야. 전자가 돌아다니는 궤도 역시 '수소 원자' 각각의 궤도가 아니고, '수소 분자'의 전자 궤도가 되어 버려. 이를 전문적인 용어로 '분자 오비탈(분자 궤도)'이라 부른단다.

분자 오비탈을 구하는 방법은 분자에 슈뢰딩거 방정식을 적용하는 거야. 원자보다 풀기는 훨씬 어렵지만, 원칙적으로 같은 방식으로 접근하는 거지. 여하튼 분자에 묶인 전자들은 분자 오비탈이라 불리는 공통의 궤도를 돈다고 생각하면 돼. 그러니 분자 궤도를 도는 전자는 어찌 보면 두 개의 태양 주위를 도는 행성에 비유할 수도 있지. 당연히 이 분자 오비탈들도 에너지를 가지는

데, 그 에너지들은 연속적으로 변하지 않고 원자의 정상 상태처럼 불연속적으로 떨어져 있겠지. 게다가 하나의 분자 오비탈에는 스핀이 반대인 두 개의 전자만 들어갈 수 있다는 것도 원자의 경우와 같아.

그런데 원자와 분자를 비교할 때 하나 더 생각해야 할 포인트가 있어. 원자에서는 원자핵을 중심으로 전자가 원자핵 주변을 도는 운동만 일어나잖아? 그런데 분자는 이런 전자의 운동 말고도 추가적인 운동 방식을 보여 준단다. 바로 분자의 진동이지. 응? 진동이 뭐냐고? 자, 수소 분자나 산소 분자처럼 두 개의 원자가 결합한 이원자 분자•를 생각해 보자. 두 원자를 묶어 주는 결합을 스프링으로 상상해 봐. 두 개의 공(원자)이 하나의 스프링으로 연결되어 있는 거지. 만약 네가 이걸 손으로 탁 치면 어떻게 될까? 스프링의 길이가 변하면서 두 공이 서로 가까워졌다가 멀어졌다 하는 운동을 반복하겠지? 이게 바로 진동이야. 분자들은 실제로 이런 식의 진동 운동을 보인단다. 이원자 분자는 서로 가까워졌다가 멀어지는 진동밖에 할 수 없어.

그런데 분자 속 원자의 수가 더 많아지고 분자 형태가 더 복잡해지면 분자가 진동하는 방식이 매우 다양해져. 이걸 분자가 춤

• 종류가 같거나 다른 두 개의 원자로 이루어진 분자를 말해.

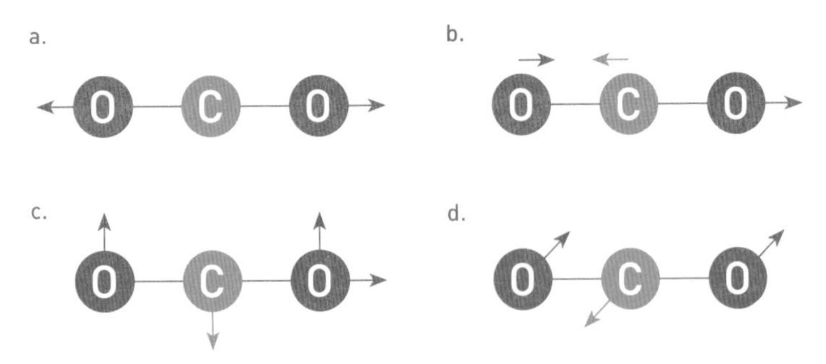

탄소(C) 한 개와 산소(O) 두 개가 결합한 이산화탄소 분자(CO_2)가 진동하는 네 가지 방식

춘다고 표현해 볼까? 위의 그림을 보면 탄소(C) 하나와 산소(O) 두 개가 결합한 이산화탄소 분자(CO_2)가 진동하는 네 가지 방식, 즉 자신만의 춤을 추는 네 방식이 표현되어 있어 (물론 이 중 아래의 두 진동은 방향만 다를 뿐, 진동하는 방식은 똑같지).

자, 여기서 중요한 사실을 하나 말할게. 분자가 진동한다는 건 에너지를 갖고 있다는 거야. 가만히 정지해 있는 분자에 비해 움직이며 진동하는 분자가 더 높은 에너지를 갖는 건 당연하겠지? 그런데 이 분자의 진동 에너지는 연속적으로 변할 수 있을까? 갑자기 그게 무슨 얘기냐고? 우리가 야구공을 느리게 혹은 빠르게 던지면서 운동 에너지를 자유자재로 바꿀 수 있는 것처럼 분자들의 진동 에너지도 마음대로 조절할 수 있는 것일까? 그렇게 생각하는 게 자연스럽고 당연하지. 그러나 명심해. 우린 거시 세계에서 야구공을 던지는 상황을 말하는 게 아니야. 원자나 분자가 주인공인 미시 세계 속을 탐험하고 있는 거라고! 그래서 분자들의 진동 에너지도 연속적이지 않아. 양자역학에 의하면 분자의 진동 에너지조차도 띄엄띄엄 떨어져 있는 불연속적인 상태로 나뉘어져 있어. 이때 허용되는 진동 에너지는 분자의 진동수, 즉 분자가 1초에 진동하는 횟수와 관련되어 있어. 예를 들어, 112페이지의 이산화탄소의 진동 방식 중에 b방식의 진동수가 제일 높아서 분자의 진동 에너지도 제일 크지.

그런데, 여기서 더 중요한 얘기가 있단다. 기대되지? 바로 분자의 종류가 다르면 형태나 질량, 결합의 정도도 달라지기 때문에 분자들이 춤추는 방식도 모두 달라진다는 점이야. 그러니 분자의 종류에 따라 분자들의 진동수, 그리고 진동 에너지도 몽땅 다 달라지는 거지. 비유하자면 이런 거야. 예를 들어서 이산화탄소는 1초에 5,724번 진동하는 춤을 춘다고 해 보자. 물론 이 숫자는 그냥 예를 든 거야. 실제 이산화탄소 분자는 1초에 수 조 번에서 수십 조 번이나 진동하거든. 여하튼 이산화탄소는 자신을 구성하는 원자들과 이들이 결합한 형태로 인해 특정한 방식으로만 춤을 출 수 있어. 그 춤이 1초에 5,724번 진동하는 춤이라면 이건 이산화탄소라는 분자의 표식, 이름표가 되는 거지! 즉, 이 우주의 모든 분자는 종류별로 자신만의 고유한 춤을 추고 이로 인해 자신만의 진동 에너지를 갖게 돼. 진동 에너지, 그리고 분자의 진동수는 그 분자를 다른 모든 분자들과 구분하는 이름표가 되는 거야! 만약 1,000광 년 떨어진 우주의 성간 물질에서 1초에 5,724번 진동하는 분자를 발견했다면 우린 그곳에 이산화탄소 분자가 존재한다고 결론 내릴 수 있어.

그런데 사실 이게 분자에 대한 이야기의 끝은 아니란다. 분자들은 진동도 할 수 있지만 회전도 할 수 있거든. 즉, 회전 운동에 따른 에너지도 갖는 거지. 물론 이 회전 에너지조차도 연속적으로 바뀌지 못하고 불연속적인 에너지 값을 갖게 된다는 것이 양자역학이 우리에게 말해 주는 진실이야. 원자에 비해 분자의 에너지 구조는 훨씬 더 복잡해지는 거지. 결국 분자의 에너지 준위는 전자가 가지는 에너지, 분자의 진동 에너지, 그리고 분자의 회전 에너지까지 복잡하게 얽혀 있어. 그렇지만 이런 복잡한 에너지 구조는 분자마다 다 다르기 때문에 분자의 이름표로 사용할 수 있단다. 그래서 아무리 멀리 떨어져 있는 우주 공간이라도 특정한 분자의 에너지 구조를 확인할 방법이 있다면 우린 거기에 직접 가 보지 않고도 어떤 분자들이 존재하는지 알 수 있지. 이것이 천문학자들이 우주를 탐구할 때 사용하는 중요한 방법 중 하나란다.

다양한
고체 분류법

원자에서 분자로 나아갔으니 이제 분자를 넘어가 볼까? 원자가 아보가드로 숫자 규모로 모여 결합한 고체를 살펴보자. 어? 아보가드로 숫자가 얼마나 큰 숫자냐고? 놀라지 마. 근사적으로 6 뒤에 0이 무려 23개나 붙어 있는 수란다. 이 정도로 엄청난 수의 원자들이 (혹은 분자들이) 결합해서 고체를 만드니, 그 고체의 성질이 개별 원자의 성질과 다를 거라는 점이 충분히 예상되지 않니? 그래서 어떤 물질은 전기가 엄청 잘 통하는 도체가 되고, 어떤 물질은 전기를 전혀 나르지 못하는 부도체가 되기도 하는 거지. 아참, 반도체도 있지? 자, 이번 장에서는 고체들의 다채로운 성질을 살짝 엿보고 이들을 분류해 보도록 하자.

원자에 허용된 에너지는 띄엄띄엄 떨어져 있다고 했어. 분자의 경우, 진동과 회전 운동 에너지로 인해 좀 더 복잡해지기는 하지만 에너지가 불연속적으로 변한다는 건 똑같아. 그럼 고체로 가면 어떻게 될까? 원칙적으로 고체에서도 전자가 차지할 수 있는 에너지 상태, 에너지 준위는 띄엄띄엄 양자화되어 있다고 볼 수 있어. 하지만 고체 속에는 원자 및 전자의 수가 엄청나게 많으니 에너지 사이의 간격이 너무나 좁아져서, 흡사 간격 없이 연속적으로 분포해 있는 것처럼 보이기도 하지. 잘 이해가 안 되지? 그건 당연해. 이건 양자역학을 특정한 원자 배열을 갖는 고체에 매우 정확히 적용해서 풀어야 나오는 결론이거든. 그래서 이 책에서는 그림을 이용해 개념적으로만 설명해 볼게.

아래 그림에서 수직 축은 에너지를 의미해. 아래로 갈수록 에너지가 낮아지는 거지. 이 그림은 세 종류의 고체에 대한 에너지 구조를 나타낸 것인데, 전기를 통하는 정도에 따라 도체, 반도체, 부도체로 구분을 했어. 금속처럼 전류를 아주 잘 나르는 물질은 도체, 나무나 플라스틱처럼 전류가 전혀 통하지 않는 물질은 부

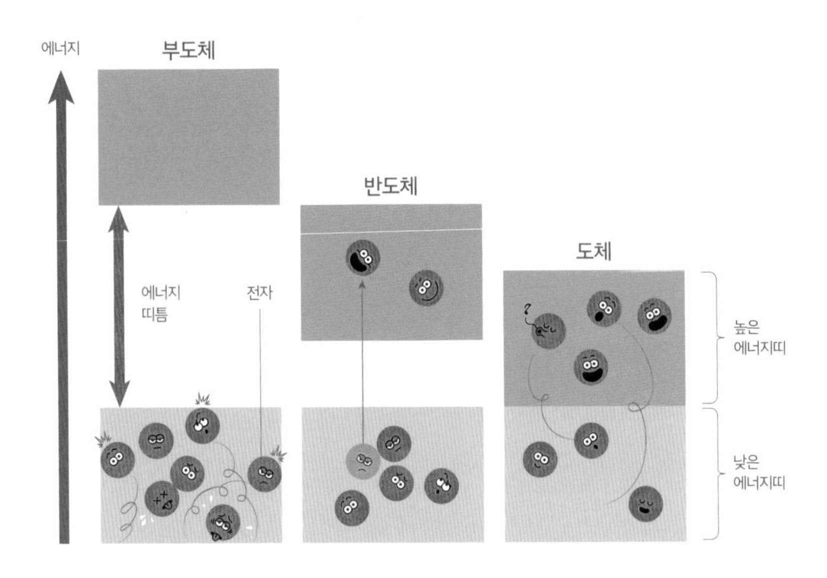

도체, 그리고 어정쩡하게 전류를 흘리는 물질은 반도체라 불러.

그림을 보면 세 물질 모두 아래에는 '낮은 에너지띠'라는 에너지 준위가, 위에는 '높은 에너지띠'라는 에너지 준위가 있지. 앞에서 봤던 원자의 에너지 준위와는 많이 다르지? 여기서 '띠'라고 부른 이유는 전자가 차지할 수 있는 에너지 준위가 매우 촘촘하게 붙어 있어서 거의 연속적인 것처럼 보이는 에너지 구간이라 그렇게 표현한 거야. 따라서 이 에너지띠를 이루는 엄청나게 많은 수의 에너지 준위를 아보가드로 숫자만큼의 전자가 가득 채울 수 있는 거지.

그런데 전자들은 원자에서와 마찬가지로 에너지가 낮은 준위부터 차곡차곡 채워 올라오기 때문에, '낮은 에너지띠'에 있는 에너지 준위들만 가득 채우고 그 위의 '높은 에너지띠'는 텅 비어 있는 게 일반적이야. 낮은 에너지띠가 자동차로 완전히 꽉 차서 어떤 차도 움직이지 못할 정도로 정체 중인 도로 상태라면, 높은 에너지띠는 자동차가 하나도 없는 텅 빈 도로에 비유할 수 있지. 그리고 두 띠 사이에는 전자가 절대 채울 수 없는 금지된 에너지 영역이 있단다. 이 영역을 '에너지 띠틈' 혹은 줄여서 '띠틈'이라 부르지. 두 에너지띠 사이에 틈이 있다는 소리야. 왜 이런 금단의 영역인 틈이 생기냐고? 그걸 여기서 정확히 설명할 수는 없어. 단,

전자는 입자이면서 파동(물질파!)이고 이 전자가 가진 파동의 성격이 중첩되고 모여서 에너지 띠틈을 만든다는 정도만 얘기할게.

그런데 전자에게 금지 구역에 해당하는 에너지 띠틈의 크기, 즉 금지된 에너지 간격은 앞의 그림에서 보듯이 물질에 따라 많이 달라. 중요한 건 아래의 '낮은 에너지띠'를 가득 채우고 있는 전자 중 일부가 띠틈의 금지 영역을 넘어서 위의 '높은 에너지띠'로 올라와야만 전자가 흐르면서 전류를 형성할 수 있다는 거야. 왜냐하면 높은 에너지띠는 기본적으로 비어 있으니 전자가 마음껏 내달릴 수 있는 거지. 텅 빈 도로를 자동차가 신나게 내달릴 수 있는 것처럼 말이야. 그렇지만 부도체는 이 띠틈의 에너지 간격이 너무 크단다. 그래서 아래쪽 띠에 있는 전자가 아무리 노력을 해도 위쪽 띠로 올라갈 가능성이 거의 없는 거지. 따라서 부도체에는 전류가 흐르지 않아. 반면에 금속과 같은 도체는 이 띠틈이 아예 없는 물질이야. 그러니 전자들이 비어 있는 에너지 준위를 따라서 신나게 흘러갈 수 있어. 도로의 한 차선이 차들로 가득 차 있을 때 그 옆의 비어 있는 차선으로 옮겨 막힘없이 달려가는 자동차처럼 말이야.

그럼 도체와 부도체 사이에 끼여 있는 반도체는 어떨까? 반도체의 띠틈은 크기가 적당히 작아. 그래서 아래 띠를 가득 채운 전자 중 일부는 위쪽 띠로 올라가 흐르며 약하지만 전류를 만들 수는 있지. 어떻게 올라갈 수 있냐고? 여러 가지 방법이 있지만 대표적인 방법은 바로 열에너지야. 우리가 생활하는 일상의 온도는 대략 섭씨 20~30도 정도잖아? 그래서 물질을 구성하는 원자들은 제 자리에서 이리저리 떨면서 운동을 하고 있어. 이 운동 에너지가 바로 물질이 가지는 열에너지야. 이 열에너지의 도움을 통해 일부 전자들이 띠틈을 극복하고 위로 올라가 전류를 형성하지. 하지만 그 전류량은 도체에 비하면 너무 적기 때문에 도체도 아니고 부도체도 아닌 반만 도체, 즉 반도체가 된 거란다.

하지만 반도체 물질을 기반으로 특정 기능을 수행하는 소자를 만들려면 전류의 흐름을 잘 조절해야만 해. 이를 위해 가장 많이 쓰는 방법은 불순물을 넣어서 반도체의 전기 전도도, 즉 전기를 통하는 성질을 잘 조절해 주는 거야. 전자회로를 구성하는 많은 소자들은 전류의 흐름을 잘 조절하거나 때로는 증폭시켜야 하는데, 무조건 전류를 흘리기만 하는 도체보다는 전류의 흐름을 잘 조절하는 반도체야말로 전자 소자들의 디자인과 작동에 반드시 필요한 물질인 거지. 이렇게 탄생한 반도체의 특성은 오직 양자역학으로만 이해할 수 있단다. 반도체는 다이오드, 트랜지스터,

집적 회로를 포함해 엄청나게 다양한 소자들로 탈바꿈하며 오늘날 정보 통신 문명의 발전을 이끌어 왔지. 양자역학으로 반도체 소자들을 발명하지 못했다면 네 주변의 어떤 전자제품도 존재하지 못했을 거야. 인류는 19세기나 20세기 초반의 삶으로 돌아가는 거지.

어때, 원자에서 출발해서 고체와 같은 거대 물질까지 훑어 본 소감이? 마치 매우 다양한 악기들이 내는 소리가 모여서 거대하고 웅장한 교향악을 이루는 것 같지 않니? 물질 세계라는 교향악의 바탕에는 공통적으로 양자역학이 자리 잡고 있어. 그 양자역학이 원자와 원자 속 전자들을 이끄는 지휘자가 되는 거지. 이 아름다운 물질의 교향악을 통해 그토록 다채롭고 풍부한 세상이 펼쳐진다는 게 내게는 너무나 놀랍게 느껴져.

자, 이제 우리의 여행을 마무리할 시점이 다가오고 있어. 마지막 여행에서는 양자역학이 오늘날 정보 통신 문명을 어떻게 혁신해 왔는지, 그 응용에 대해 알아보자. 사실 오늘날 우리가 사용하는 전자 기기는 100퍼센트 양자역학을 이용한다고 볼 수 있기 때문에 이를 전부 다루는 건 불가능해. 그래서 최근 이슈가 되고 있는 양자 기술 등 몇 가지 응용 분야만 살펴보려고 해. 자, 이제 마지막 여행지를 향한 첫발을 내딛어 보자!

6

양자
전성시대

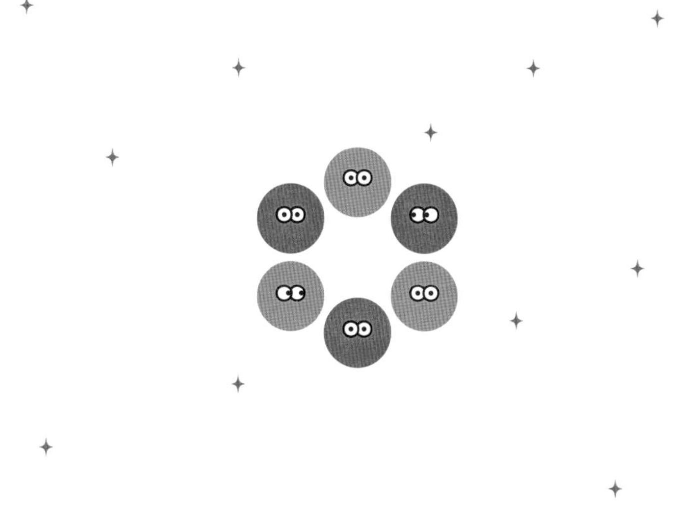

여기까지 날 따라오느라 정말 고생 많았어. 양자역학이 얼마나 이상하고 기묘한 학문인지, 더불어 이 세상을 이해하는 인간의 안목을 얼마나 근본적으로 바꿔 놓았는지 조금은 이해했을 것 같아. 양자역학 덕분에 반도체나 정보 통신 기술이 엄청나게 발전했고, 인류는 1세기 전과는 완전히 다른 세상에 살고 있지. 그런데 요즘에 양자역학은 또 다른 전성기를 맞이하고 있는 것 같아. 바로 양자 기술이라는 새 기술의 출현에 대한 기대감이 높아졌기 때문이지.

양자 컴퓨터, 양자 암호 통신, 양자 전송 기술…. 이런 얘기를 들어 본 적 있니? 아, 방송이나 유튜브에서 들어 봤다고? 이 단어들 속 '양자'가 바로 양자역학의 '양자'와 같은 말이야. 모두 양자역학의 원리를 이용해 구현되는 기술들이고, 전 세계의 과학자와 공학자들이 엄청 열심히 연구하고 있는 최첨단 분야지. 이런 기술들을 개발하는 데 각국 정부뿐 아니라 구글이나 IBM 같은 거대 기업이 막대한 돈을 투자하고 있어. 이 기술들은 워낙 전문적이라 구체적인 내용을 이 책에 담는 건 힘들어. 각 기술들이 양자역학의 어떤 원리에 근거하고 있고 어느 분야에 사용될 수 있을지 정도만 간략히 살펴보도록 하자. 그러면 적어도 이런 기술들이 앞으로 우리 사회와 인류 문명을 어떤 방향으로 유익하게 바꿀 수 있을지 어느 정도 감이 올 거야.

양자 컴퓨터, 양자 암호 통신, 양자 원격 이동 같은 기술의 구체적 개념이 등장한 건 1980년대야. 그리고 그 개념들을 초보적인 수준에서나마 구현하기 시작한 건 1990년대지. 특히 1997년에 조잡한 수준이지만 양자 컴퓨터가 실험적으로 처음 구현되자 세계적인 관심을 끌면서 연구가 확대되기 시작했어. 여기서는 양자 컴퓨터가 우리가 매일 사용하는 컴퓨터와는 어떻게 다른지, 양자 암호 통신이 기존의 암호 기술과는 어떤 차이가 있는지, 공상 과학 영화에서나 보던 순간 이동이 양자 기술로 어떻게 구현될 수 있는지 등등에 대해 알아보도록 하자.

앞에서 양자역학의 가장 이상하면서도 신기한 개념이 '중첩'이라고 설명한 거 기억나지? 우리 일상생활에서는 절대 볼 수 없는, 미시 세계 속의 특징이라고 내가 몇 번이나 강조했잖아. 양자 기술에서는 상태의 중첩, 그리고 상태의 '얽힘'이 매우 중요한 역할을 한단다. 그래서 혹시 필요하면 4장을 다시 복습하고 와도 좋을 것 같아. 지금부터는 완전히 도깨비 같은 일들이 벌어질 테니 놀랄 준비를 하고 따라와 봐.

양자 상태와 얽힘

양자역학적인 중첩이라는 게 참 이상했지? 어떻게 이 상태와 저 상태가 공존할 수 있는지, 게다가 양자 상태를 측정하면 그 중첩된 상태들 중 하나로 순식간에 붕괴해 버린다니 말이야. 그런데 중첩보다 훨씬 더 이상하고 재미있는 현상이 있어. 바로 '얽힘'이라는 거야. 영어로는 'entanglement'라 부르는데, 우리나라 말로 '얽히게 하다' 또는 '깊이 관계를 맺게 하다'는 뜻이지. 그런데 관계를 맺게 하거나 얽히게 하려면 적어도 둘 이상의 대상이 있어야겠지? 맞아. 얽힘이라는 건 최소한 두 입자 사이에서만 일어날 수 있어. 얽힘과 중첩은 곧 설명할 양자 기술들과 관련해서 반드시 알아야 할 중요한 개념이니 눈을 크게 뜨고 내 설명을 잘 따라와 봐.

우선 얽힘에 대해 얘기하기 전에 비유를 하나 들어 볼게. 견우와 직녀 얘기는 알고 있지? 견우와 직녀는 옥황상제의 명에 의해 강제로 이별하기 전에 서로에 대한 사랑을 간직하겠다는 증표로 두 개의 구슬을 상자에 넣고 밀봉한 후 나눠 가졌다고 해(물론 이건 내가 지어낸 얘기야). 하나는 빨간색, 다른 하나는 파란색이었지. 견우와 직녀는 자기가 간직한 상자 속 구슬의 색은 알지 못한 채 소중히 간직했어. 드디어 칠월 칠석이 다가오자 오작교에서 직녀를 만날 기대에 부푼 견우는 사랑의 증표로 나눠 가진 구슬을 보고 싶었어. 상자를 열어 보니 견우가 가진 구슬은 빨간색이었지. 그렇다면 직녀가 상자 속에 보관하고 있던 구슬의 색은 당연히 파랑이겠지? 결국 두 사람이 나눠 가진 두 구슬은 은하수 사이로 그 먼 거리에 걸쳐서 서로 연결되어 있던 거야. 한 사람의 구슬 색이 확인되면 상대방 구슬의 색을 자동으로 알게 되는 것이지. 물론, 두 사람이 확인하기 전에도 각 구슬의 색은 이미 결정되어 있었어.

견우와 직녀가 나눠 가진 구슬 징표처럼,
'얽힘' 상태의 입자들은 운명처럼 연결되어 있어.

내가 지금부터 설명하려는 얽힘이라는 개념도 견우와 직녀 구슬의 예와 비슷한 방식으로 이해할 수 있어. 물론 그와는 많이 다르고 무척 이상하지. 우선 A와 B라는 두 입자가 있다고 하자. 전자라고 할까? 앞에서 얘기했듯이 전자는 스핀이라는 성질을 갖고 있어. 스핀의 상태에 따라 물질에 자석의 성질이 생길 수 있다는 것도 말했고. 게다가 전자의 스핀은 한 방향에 대해 두 값을 가질 수 있기 때문에, 위를 향하는 화살표(업 스핀)와 아래를 향하는 화살표(다운 스핀) 등 두 가지 상태로 비유해서 생각해 볼

수 있다고 했었지? 한 전자가 업과 다운의 중첩 상태에 있을 수 있으니, 이 전자의 스핀 상태는 $(|\uparrow\rangle+|\downarrow\rangle)$로 표현할 수 있지. 따라서 이 전자의 스핀을 측정하면 절반의 확률로 $|\uparrow\rangle$ 아니면 $|\downarrow\rangle$가 측정될 거야. 마치 공중에 던진 동전의 앞뒷면이 나올 확률이 각각 50퍼센트인 것처럼 말이야.

이제 A와 B라 불리는 두 전자를 가져와 볼게. 이 두 전자를 준비할 때 어떤 이유에서인지 두 전자의 스핀 파동함수가 서로 특이한 방식으로 연결되어 버렸다고 하자. 무슨 뜻이냐면 A 전자의 스핀은 업이나 다운 중 한 상태로 측정될 수 있는데, 만약 A 전자의 스핀이 업으로 확인되면 B 전자의 스핀은 다운으로, A 전자의 스핀이 다운으로 확인되면 B 전자의 스핀은 업으로 확인되는 방식으로 연결된 거지. 실제로 두 전자를 이런 방식으로 연결해서 서로 영향을 미치게 준비할 수 있단다. 이 상태를 바로 두 전자가 얽혀 있다고 말하는 거야. 한 전자의 운명이 다른 전자의 운명과 불가분하게 연결되어 있는 거지. 흡사 견우 직녀가 나눠 가진 두 구슬처럼 말이야. 물론 견우 직녀의 구슬들은 두 연인이 확인하기 전에 이미 색깔이 완벽히 결정되어 있는 거고, 얽힌 두 전자의 경우 우리가 측정하기 전에는 첫 번째 전자의 스핀이 업일지 다운일지 전혀 확인할 방법이 없다는 게 결정적인 차이점이야. 확률이 반반이라는 정도만 아는 거지. 오직 얽힌 두 전자 중 하나에 대해 측정을 한 후에야 측정된 전자의 스핀이 업 아니면 다운의 파동함수로 붕괴되면서 얽혀 있던 다른 전자의 스핀의 상태까지 결정되는 거지. 다시 말하면, 얽힘이란 두 입자가 가지는 파동함수의 중첩 상태라고 할 수 있어.

 흥미로운 건 그 다음이야. 이제 두 전자의 파동함수를 얽힘의 상태로 만든 후에 견우와 직녀처럼 멀리 떨어뜨려 놓는 거야. 물론 두 전자의 스핀을 측정해서 확인하기 전에 말이야. 가령 전자 하나는 지구에 놓고 다른 전자 하나는 빛의 속도로 20분이나 가

얽힘 상태의 두 전자를 지구와 화성에 각각 놓아 두었을 때 각 전자의 스핀 방향은 언제 결정될까? 공간의 거리에 영향을 받을까?

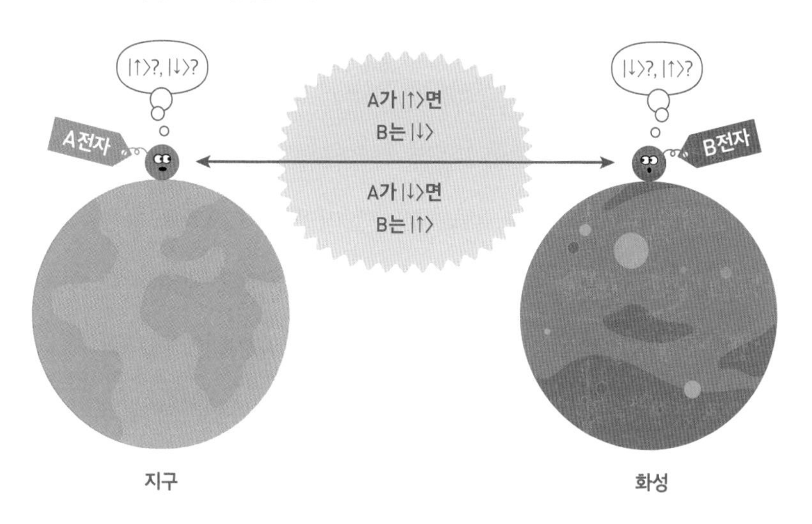

야 하는 화성에 갖다 놓았다고 하자. 그 후 전자와 함께 화성으로 간 과학자가 화성 위 전자의 스핀을 측정한다고 생각해 봐. 만약 그 전자의 스핀이 업이면 그 순간 지구 위 전자의 스핀은 다운으로 결정되는 거지. 처음부터 그렇게 얽혀 있었으니까.

그런데 여기서 한 가지 생각할 거리가 있어. 화성 위에서 측정이 이루어져 전자의 스핀 방향이 결정되면, 지구 위 전자의 스핀 방향은 언제 결정될까? 아인슈타인에 의하면 우주의 어떤 것도 빛의 속도보다 빨리 전달될 수 없다고 했으니 대략 20분 정도 후에 지구 위 전자의 스핀 방향이 결정될까? 놀랍게도 화성에서 측정이 이루어진 그 순간에 지구 위 전자의 스핀 상태도 바로 결정된단다! 빛의 속도로 무려 20분이나 가야 하는데 어떻게 지구의 전자는 화성의 전자가 측정된다는 걸 바로 알 수가 있지? 아인슈타인은 절대 빛보다 빠른 건 없다고 했으니 화성의 측정 결과가 지구로 오는데도 20분 정도가 걸릴 텐데 말이야.

여기서 얽힘의 기묘함이 나타나지. 즉 지구 위의 전자와 화성 위의 전자는 애초에 지구에서 탄생할 때부터 얽힘 상태로 서로 연결되어 있었던 거야. 이 연결은 두 전자 사이의 거리가 아무리 멀리 떨어져 있어도 측정을 하지 않는 한 끊어지지 않지. 비록 공간적으로는 서로 분리되었다 해도 둘의 파동함수는 얽혀 있기 때문에 한 전자의 변화(=측정을 통한 스핀 방향 확인)가 다른 전자에 즉각적으로 영향을 미칠 수 있었다는 거야.

정말 이런 일이 가능하냐고? 당연히 가능하지. 과학자들이 반복적으로 실험을 해도 두 입자 사이의 얽힘이라는 상태는 분명히 존재해. 처음엔 얼마 안 되는 거리로 떨어져 있는 입자들의 얽힘을 확인했지만, 이제는 그 거리가 1,000킬로미터를 넘기도 해. 중국의 과학자들은 2017년에 두 빛알이 약 1,200킬로미터를 사이에 두고 얽힘을 통해 계속 연결되어 있었던 걸 확인하기도 했지. 이제 미시적인 입자들이 가진 중첩과 얽힘이 양자 기술에서 어떤 식으로 사용될 수 있는지 알아볼까?

순간 이동이 가능하다고?

〈스타트렉〉과 같은 공상 과학 영화를 보면 등장인물들을 순식간에 다른 공간으로 옮기는 전송 장치가 등장해. 위기의 순간에 주인공이 자신을 '빔 업(beam up)' 해 달라고 외치자 순간 이동을 통해 안전한 우주선으로 돌아오는 건 너무 친숙하고 유명한 장면이지. 이걸 그저 영화에 등장하는 흔한 상상의 소재로 볼 수도 있겠지. 그런데, 사람처럼 큰 거시적 물체는 아니더라도 전자처럼 미시적인 입자를 순간 이동시키는 건 충분히 가능하고 이미 현실이 됐어. 이를 '양자 텔레포테이션(Quantum Teleportation)'이라 부르지.

그런데 여기서 한 가지 오해하면 안 되는 부분이 있단다. 양자 텔레포테이션에서 원자나 전자를 순간 이동시키는 건 원자나 전자를 공간적으로 순식간에 빠르게 이동시키는 것이 아니야. 원자나 전자가 갖고 있는 정보를 옮긴다는 의미거든. 예를 들어 어떤 물체를 구성하는 모든 원자, 그 원자를 구성하는 전자와 핵의 정보를 순간 이동으로 보낼 수 있다면 그 정보를 이용해 똑같은 물체를 만들어 내는 게 원칙적으로 가능하겠지. 그리고 여기서 양자역학적 개념인 상태의 얽힘이 핵심적인 역할을 한단다.

지금부터 다시 견우와 직녀의 예를 들어서 양자 전송의 원리를 설명해 볼게.• 앞에 든 예처럼 견우와 직녀는 두 구슬을 나눠 가졌어. 그런데 이 구슬들이 양자역학의 지배를 받는다고 하자. 그리고 각 구슬은 딱 두 개의 상태에 놓일 수 있다고 상상해 봐. 바

• 이 부분은 《퀀텀의 세계》(이순칠, 해나무, 2021)에 있는 설명을 참고해서 견우와 직녀 버전으로 변형한 거야.

로 빨간색 상태와 파란색 상태야. 게다가 견우의 구슬과 직녀의 구슬은 (|빨강⟩+|파랑⟩)이라는 중첩 상태를 가지고 서로 얽혀 있어. 따라서 견우가 자기 구슬을 확인(측정)해서 빨강이라는 걸 알게 되는 그 순간에 직녀의 구슬은 파란색 상태로 붕괴하고, 견우의 측정 결과가 파랑이었다면 직녀의 구슬은 빨강으로 결정되겠지. 두 사람은 지구와 화성 사이에 양자 전송 서비스를 담당하는 회사에 취업을 했어. 그래서 직녀는 화성으로 가서 머물고, 지구에는 견우가 남았지. 물론 두 사람은 서로 얽혀 있는 구슬을 하나씩 나눠 가진 후, 이를 이용해 손님들에게 양자 전송 서비스를 하려고 해.

이 양자 전송 회사에 흥부라는 이름의 손님이 찾아왔어. 흥부는 화성에 살고 있는 형 놀부에게 자기 구슬의 양자 상태를 똑같은 방식으로 전해 주고 싶었단다. 자기 구슬이 빨강이면 형의 구슬을 빨강으로, 자기 구슬이 파랑이면 형의 구슬을 파랑으로 말이야. 물론 흥부가 들고 온 구슬은 견우나 직녀의 구슬과는 전혀 상관이 없어. 얽혀 있지 않은 독립적인 구슬이라는 얘기지. 어떤 상황인지 이해가 되지? 중요한 것은 이 과정에서 견우와 직녀는 손님인 흥부의 구슬 상태를 알아서는 안 된다는 거야. 손님의 정보를 모르면서도 그 양자 정보를 정확히 전송해야 하는 고난도의 임무를 수행해야 하는 거지.

이제 지구에 남아 있는 견우가 역할을 할 때가 되었네. 견우는 자신과 흥부가 가진 구슬들의 양자 상태를 조사해서 비교하는 역할을 맡았어. 그래서 두 구슬의 상태가 같은지 다른지만 확인을 해. 구슬의 상태, 즉 색깔은 밝히지 않는다는 점이 중요해. 여기에는 두 가지 가능성이 있지. 같은 경우, 아니면 다른 경우.

일단 같은 경우를 먼저 볼까? 견우의 구슬은 현재 파랑과 빨강이 중첩되어 있는 상태야. 따라서 측정을 하는 순간 둘 중 하나로 결정이 되고 그 순간 화성에 있는 직녀가 가진 구슬의 운명도 결정되지. 견우의 구슬이 파랑으로 결정되었다면 손님인 흥부의 구슬도 파란색인 거야. 이 경우 화성 위 직녀의 구슬은 빨강이겠지. 만약 견우의 구슬이 빨강으로 측정되었다면 흥부의 구슬도 빨강, 직녀의 구슬은 파랑일 거야. 결국 견우와 흥부의 구슬이 같은 상태로 확인되면 그 정보가 직녀에게 정확히 반대로 옮겨지는 거지. 흥부의 구슬이 파랑이면 직녀의 구슬은 빨강으로, 흥부의 구슬이 빨강이면 직녀의 구슬은 파랑으로.

이번에는 견우와 흥부의 구슬 상태가 반대로 나왔다고 하자. 만약 견우의 구슬이 파란색, 흥부의 구슬이 빨간색으로 다르다면 화성 위 직녀의 구슬 상태는 흥부와 동일한 빨간색으로 결정되어 있을 거야. 그렇지 않고 견우의 구슬이 빨간색, 흥부의 구슬이 파란색으로 다르다면 이 경우에도 직녀의 구슬 상태는 흥부와 동일한 파란색이지. 결국 구슬의 색깔 상태를 직접 확인하지 않고도 '견우와 흥부의 구슬 상태가 반대'라는 정보 하나만으로 흥부가 가진 구슬의 양자 상태가 정확히 직녀의 구슬로 옮겨간 거야. 이때 견우는 흥부의 구슬 상태가 뭔지 몰라. 처음부터 조건은 자신과 흥부가 가진 두 구슬의 양자 상태를 직접 확인하는 게 아니라 두 상태가 같은지 다른지만 확인하는 거였으니까.

하지만 여기서 문제가 하나 있어. 견우와 흥부의 두 구슬 상태가 같은지 다른지, 그 결과가 직녀에게 전달이 되어야 한다는 점이지. 직녀로서는 이 정보를 알아야만 자기의 상태와 흥부의 상태가 같은지 다른지를 판단한 후, 그 정보를 이용해 놀부의 구슬을 조작할 수 있으니까 말이야. 결국 흥부가 가진 구슬의 양자 상태가 직녀의 구슬로 전송되는 것은 얽힘을 통해 순식간에 일어나지만, 이걸 이용해 놀부 구슬에 흥부 구슬의 상태를 옮기는 건 지구에서 추가적인 정보가 전달된 후에야 가능하단 얘기지. 지구에서 화성으로 그 정보를 보내는 가장 빠른 방법은 빛(전자기파)을 이용하는 것이니, 빛의 속도로 화성까지 정보가 날아가는 시간이 필요하단다. 그러니 결국 실용적인 면에서 보면 '순간 전송'은 아닌 셈이야. 추가적인 정보를 빛이나 우주선을 통해 전달해야 하니 말이야. 그래서 양자 전송은 매우 흥미로운 현상이고 실험실에서 구현할 수 있는 신기한 '놀이'지만, 실용적인 관점에서는 양자 컴퓨터나 양자 암호 정도로 중요하지는 않아.

양자 컴퓨터의 오해와 진실

이제 우린 드디어 양자 컴퓨터에 대해 얘기할 수 있어. 양자 컴퓨터라는 개념이 등장한 지는 오래 되었지만 과거에는 최근처럼 화제가 된 적이 없었어. 많은 기업들이 대규모로 투자해 개발하고 있고 기술적인 성숙도도 어느 정도 높아진 상황이야.

우선 양자 컴퓨터에 대해 알아보기 전에 현재 우리가 사용하는 컴퓨터(이를 고전 컴퓨터라고 불러 볼까? 옛날이란 의미의 고전이 아니라 양자와 대별된다는 의미의 고전이야.)를 잠깐 살펴보도록 하자. 고전컴퓨터는 비트(bit)를 정보 처리의 단위로 활용해. 비트는 이진수 한 자리를 의미하지. 즉, 0 혹은 1이 저장될 수 있는 단위가 한 비트야. 우리가 흔히 메모리의 단위를 표현할 때 사용하는 바이트(byte)는 8비트가 모여서 만들어져. 예를 들어 비트는 전압 신호를 이용해 구현할 수 있지. 가령 0V는 이진수의 0에, 5V는 이진수의 1에 대응시키는 식으로 말이야. 컴퓨터는 이진수로 들어온 입력 신호들을 연산에 맞춰 처리하고 출력하는 장치라 볼 수 있어. 이를 위해 다양한 논리 연산 소자를 이용할 수 있지. 연산의 예를 들자면 NOT이라는 연산은 0이 들어올 때 1을, 1이 들어올 때 0을 출력하는 연산이지. 이 외에 다른 종류의 연산 작용들이 존재하는데, 이런 논리 연산들을 적당히 조합하면 어떤 계산도 척척 해낼 수 있어. 이런 연산을 처리하는 단위를 컴퓨터에서는 '논리 게이트'라 부른다는 걸 들어 본 적 있는지 모르겠네.

고전 컴퓨터에서 비트를 쓴다면 양자 컴퓨터에서는 큐비트(qubit)를 사용해. 이 단어는 양자 비트를 의미하는 영어 단어인 'quantum bit'를 줄여서 부르는 말이야. 큐비트도 비트처럼 0과 1을 사용하지만 한 가지 중요한 차이가 있어. 양자 컴퓨터에서는 양자역학의 상태 중첩을 이용할 수 있기 때문에 0과 1 사이의 중첩도 연산에 활용할 수 있지. 즉, 우리가 4장에서 다뤘던 양자 상태 표기법을 빌려 본다면, $|0\rangle$, $|1\rangle$ 등의 두 상태에 더해 $a|0\rangle+b|1\rangle$ 같은 중첩 상태까지 활용할 수 있어. 여기서 a, b는 두 상태를 섞는 중첩 비율이라 이해하면 돼. 이게 비트와 큐비트의 가장 큰 차이점이지.

이렇게 중첩 상태를 이용한다면 당연히 얽힘도 이용할 수 있겠지? 양자 컴퓨터는 큐비트를 준비하고 여기에 조작을 가해 연산을 수행하지. 따라서 큐비트들 사이에 얽힘을 만들 수도 있고 이 얽힘을 풀 수도 있어. 양자역학적 중첩을 구현할 수 있는 것이라면 무엇이든 큐비트로 사용할 수 있어. 가령 전자나 핵의 스핀, 원자의 에너지 준위, 초전도 소자 등을 양자컴퓨터의 큐비트로 활용하고 있지.

그렇다면 동시에 두 가지 상태에 있을 수 있다는 중첩 상태를 이용하는 게 컴퓨터의 연산에 어떤 영향을 줄까? 일반 컴퓨터 같으면 0의 상태나 1의 상태를 이용해 연산을 해야 하는데, 양자 컴퓨터에서는 0과 1뿐 아니라 이 둘이 중첩되어 있는 상태를 한꺼번에 이용할 수 있는 거지. 이건 단순히 사용할 수 있는 선택지가 하나 더 늘어났다는 의미가 아니야. 예를 들어 2비트가 있는 경우, 우리가 현재 사용하는 일반 컴퓨터로는 00, 01, 10, 11 등 네 가지 상태 중 단 하나만 표현할 수 있지. 그런데 만약 이게 두 개의 큐비트라면 00, 01, 10, 11 등 네 가지 상태 모두를 중첩해서 한꺼번에 표시하고 처리할 수도 있어. 만약 큐비트의 수가 총 50개라면 이걸로 중첩시킬 수 있는 상태는 무려 1천조 개가 넘는단다. 고전 컴퓨터에서는 비트와 비트 사이에 어떤 관계도 없지만, 양자 컴퓨터의 큐비트와 큐비트는 중첩 상태로 서로 얽혀 있기 때문에 이들을 한꺼번에 처리할 수 있단다. 양자 컴퓨터는 이처럼 중첩된 정보의 중첩 상태를 유지하면서 한꺼번에 연산하고 처리할 수 있다는 게 가장 큰 특징이야. 이를 보통 '병렬 계산'이라 부르지. 병렬 계산을 이용하면 어떤 특수한 문제들을 풀어야 하는 경우에는 양자 컴퓨터가 고전 컴퓨터보다 더 뛰어난 성능을 발휘할 수 있어.

중첩 상태를 이용한다는 장점이 실제 계산에서 어떤 유용성이 있는지 궁금하지? 구체적인 예를 들어 설명하는 게 도움이 될 것 같네. 과학자들은 양자 컴퓨터의 병렬 계산 능력으로 잘 처리할 수 있는 유형의 문제들을 몇 가지 찾았고 지금도 찾아가고 있어. 그중 두 가지만 소개할게.

네가 세 자리수로 된 비밀번호를 잊어 버렸다고 해 보자. 이때 비밀번호를 찾을 수 있는 방법은 뭘까? 가장 간단한 건 000에서 출발해서 999까지 천 가지의 수를 일일이 넣어서 확인해 보는 거야. 물론 시간이 오래 걸리겠지. 만약 비번의 자리수가 셋이 아니라 일곱 개 정도라면 이를 해결하는 데 정말 긴 시간이 필요할 거야. 이 방식이 현대의 고전 컴퓨터가 문제를 해결하는 방식이야. 그런데 양자 컴퓨터의 경우에는 큐비트를 이용해서 |000⟩에

서 |999⟩까지 모든 상태를 한꺼번에 중첩한 다음에, 이 중첩된 상태를 한꺼번에 병렬로 확인해서 비번을 찾아낼 수 있단다. 물론 최종적으로 답을 확인하기까지 기술적으로 처리해야 하는 단계들이 있어서 바로 답을 알지는 못하지만 고전 컴퓨터에 비하면 월등히 빠른 속도로 이 문제를 해결할 수 있어.• 이 방법은 데이터 검색처럼 가능한 여러 대상 중에서 특정한 조건을 만족하는 후보를 효과적으로 찾아내는 작업에 사용될 수 있지.

양자 컴퓨터가 위력을 발휘할 수 있는 다른 예를 하나 들어 볼까? 이 세상 만물은 원자, 그리고 원자들이 결합한 분자들로 구성되어 있지. 만약 어떤 새로운 질병에 효과적일 수 있는 신약 물질을 개발한다고 해 보자. 약을 구성하는 분자의 특성을 어떤 방식으로 알아야 할까? 맞아. 앞의 4장에서 소개했던 슈뢰딩거 방정식을 그 분자에 적용해 푸는 거야. 그렇게 구한 해답을 이용해 분자 속 전자가 가지는 에너지나 전자의 움직임을 알아낼 수 있어. 하지만 분자를 이루는 원자의 수가 많아지면 현대의 슈퍼컴퓨터로도 감당이 안 될 만큼 계산의 양이 더 늘어나지.

이 대목이 바로 양자 컴퓨터의 장점이 발휘되는 부분이란다.

• 아무리 병렬로 처리해서 중첩된 상태를 한꺼번에 확인한다 해도, 최종적으로 확인(측정)을 하면 하나의 상태로 붕괴되어 버리지. 이런 측정의 효과를 고려해서 문제를 최적화해 풀어야 한단다.

분자는 양자역학적 규칙에 따라 행동해. 양자 컴퓨터는 바로 전자들의 다양한 중첩 상태를 큐비트로 직접 구현할 수 있고 분자 속 전자의 움직임을 아주 효과적으로 묘사할 수 있지. 양자역학의 규칙을 따르는 분자들을 양자 컴퓨터로만 가장 자연스럽게 묘사할 수 있다는 건 어찌 보면 너무나 당연하게 느껴지지 않니? 그래서 분자의 성질을 효과적으로 파악하고 이를 통해 신약 물질의 설계나 새로운 에너지 소재 등을 개발하는 연구에도 양자 컴퓨터가 큰 역할을 할 거라고 기대하고 있어.

그러나 우리는 아직 양자 컴퓨터가 이런 일들을 제대로 해낼 수 있는 정도의 단계에 도달하진 못했어. 효율적인 계산을 위해서는 큐비트의 수가 엄청 많아야 하는데 아직 큐비트 수를 늘리는 데 있어서 많은 기술적 문제들이 있거든. 현재 양자 컴퓨터를 연구하는 세계적인 기업들 중 한 기업이 내놓은 양자 컴퓨터에는 433큐비트가 들어 있는데, 이게 세계 최고 기록이라고 해. 이 정도면 어떤 특정한 문제에서는 능력을 발휘할 수 있을지도 모르지만 십만 혹은 백만 이상의 큐비트를 갖춰야 하는, 과학자들이 그리는 미래의 양자 컴퓨터의 모습에 비하면 걸음마 단계라 할 수 있어.

큐비트를 늘리거나 다루는 게 까다로운 이유는 양자 중첩 상태, 즉 큐비트와 큐비트의 얽힘 상태가 주변 환경과 영향을 주고 받으면 아주 쉽게 무너지기 때문이야. 그래서 컴퓨터 속 큐비트를 외부 환경으로부터 차단하기 위해 엄청난 노력을 해야 하지. 가령 초전도 소자를 이용한 양자 컴퓨터는 영하 270도 정도의 극저온 상태를 유지하는 등 신경 써야 하는 부분이 굉장히 많다고 해. 이로 인해 데이터를 이용해 계산하는 시간이나 데이터의 저장 기간에도 상당한 제한이 따르지. 그 과정에서 오류가 자주 발생하는데 오류를 수정하는 절차도 복잡하단다. 현재 하나의 큐비트가 연산에 사용된다면 최소한 네 개의 추가적인 큐비트가 오류를 보정하는 데 사용되어야 한다고 하니, 예를 들어 50큐비트를 가진 양자 컴퓨터는 실제로는 최대 10큐비트만 계산에 사용될 수 있다는 거지.

어떤 전문가들은 2030년대가 되면 100만 큐비트로 구성된 양자 컴퓨터도 가능할 거라고 전망하기도 해. 하지만 실제로 이런 수준까지 올라갈 수 있을지는 좀 더 지켜봐야 할 것 같아. 게다가 양자 컴퓨터는 현재 우리가 사용하는 컴퓨터를 대체하지 않아. 대부분의 경우 우린 기존의 고전 컴퓨터 기술을 그대로 활용할 거야. 양자 컴퓨터는 능력을 발휘할 수 있는 분야에서만 제한적으로 유용하게 쓰일 수 있을 거라고 봐. 게다가 그 시기가 언제인

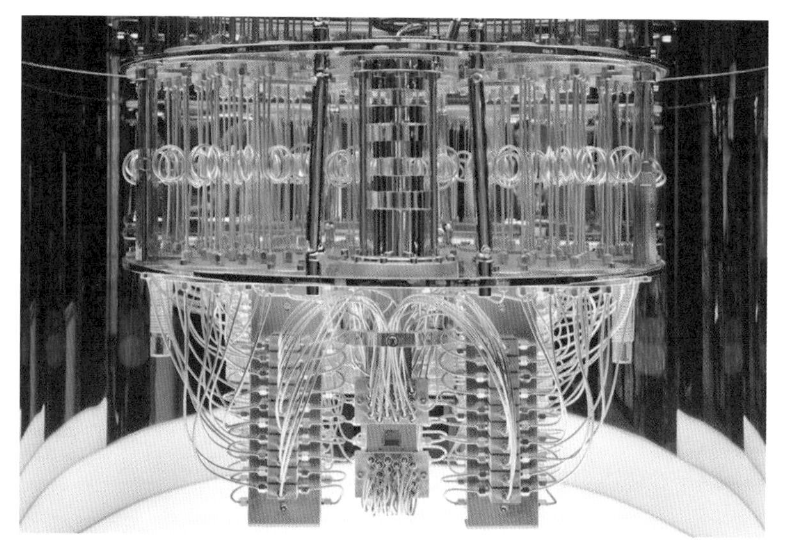

IBM의 양자 컴퓨터. 초전도 기반 큐비트를 영하 273도의
조건에서 활용해 계산한다(출처: IBM Research).

지는 아직 아무도 몰라.

그러나 적은 수의 큐비트로 구성되어 있긴 해도 양자 컴퓨터가 엄연히 개발되어 있고, 많은 대기업들과 선진국들이 양자 컴퓨터 개발을 추진하고 있는 것도 사실이야. 인터넷상에서 자신들이 운영하는 양자 컴퓨터를 사용할 수 있는 클라우드 서비스를 제공하는 회사까지 등장했어.• 양자 컴퓨터는 아직 걸음마 단계이긴

• https://quantum-computing.ibm.com를 방문하면 실제로 IBM의 양자 컴퓨터를 클라우드 서비스로 이용할 수 있단다.

하지만, 먼 미래에 만날 수 있는 기술이 아니라 이미 존재하고 있고 꾸준히 발전하고 있는 현재의 기술이야.

은밀히, 더 은밀히…
양자 암호 통신의 세계

이제 양자 전성시대를 대표하는 마지막 사례로, 양자 암호에 대해 간단히 살펴보도록 하자. 매일 이곳저곳에 비밀번호를 입력해야 하는 현대인에게 개인 아이디와 비밀번호의 유출이 얼마나 큰 문제를 일으키는지 새삼 강조하지 않아도 될 것 같아. 그렇기 때문에 이런 개인 정보들은 모두 암호로 처리되어 전달되어야 하지. 현대 암호 체계의 근간을 이루는 건 소인수분해란다.

소인수가 뭔지는 알지? 자기 자신과 1 이외의 다른 수로는 나누어지지 않는 수를 소수라 하는데, 1보다 크다면 어떤 자연수든 소수들의 곱으로 표현할 수 있지. 예를 들어 12라는 자연수의 인수에는 1, 2, 3, 4, 6, 12가 있지만 이중 소수인 인수, 즉 소인수는 2, 3이야. 그래서 12를 2×2×3처럼 소수만의 곱으로 표현할 수 있는데, 이처럼 소수가 아닌 수를 소수의 곱으로 표현하는 걸 소인수분해라 배워. 재미있는 건 숫자가 클수록 소인수분해가 더욱 어려워져서, 어느 정도 이상의 자릿수를 가진 숫자의 소인수분해는 고전 컴퓨터로는 감당이 안 될 정도로 시간이 매우 오래 걸린다는 거야. 그러니 수백, 수천 년이 걸려도 소인수분해를 하기 힘든 큰 수가 있다면 그걸 암호의 열쇠로 사용할 수 있어. 이것이 바로 현대 암호 체계의 핵심이지.

문제는 양자 컴퓨터가 바로 소인수분해에 탁월한 능력을 발휘한다는 점이 밝혀졌다는 거야.• 그렇다면 양자 컴퓨터의 성능이 지금보다 훨씬 더 발전한다면 현대의 암호 체계는 무너질 수밖에 없지. 그래서 기존의 암호를 대체할 새로운 암호 체계에 대해 각국 정부를 포함해 많은 과학자들이 연구를 하고 있단다. 그중 하나가 양자 암호야.

양자 암호의 핵심은 도청과 해킹에 대한 걱정 없이 암호의 열쇠를 전달할 수 있다는 점이야. 이 짧은 책에서 양자 암호의 원리를 상세하게 설명하는 건 힘들어. 필요하면 뒤에 있는 참고 도서를 더 읽어 보렴. 하지만 당연하게도 양자 암호에 중첩을 구현할 수 있는 큐비트를 활용한다는 점은 너도 예상할 수 있을 거야. 이

• 소인수 분해 알고리즘은 이를 처음으로 제안한 사람의 이름을 따서 '쇼어 알고리즘(Shor's algorithm)'이라 불러.

때 우리가 앞에서 알아봤던 상태의 중첩과 측정의 효과가 중요한 역할을 해.

암호 전송자가 고전적인 방법으로 신호를 보낸다고 해 보자. 그러면 중간에 이를 가로챈 해커는 그 신호를 읽고 똑같은 신호를 복제해서 암호 수신자에게 보낼 수 있어. 이 경우 수신자는 그게 원래 전송자가 보낸 신호인지, 아니면 해커가 복제해서 똑같은 세기로 보낸 신호인지 알기 힘들지. 그런데 암호의 전송자가 암호의 키를 가령 a|0⟩+b|1⟩라는 양자 중첩 상태로 전달한다고 가정해 보자. 이를 해커가 중간에 가로채서 읽는 것이 측정에 해당하지. 따라서 앞에서 살펴본 것처럼 측정의 순간에 중첩상태가 파괴되며, |0⟩ 아니면 |1⟩로 붕괴되어 버려. 해커가 읽은 정보는 원래 발신자가 보낸 정보와 달라지니 암호의 복제 자체가 불가능해지는 셈이지. 따라서 암호를 중간에 가로채서 복제한 후 수신자에게 원본을 보내는 작업도 불가능해.

결국 측정에 의한 붕괴 현상, 이로 인해 복제 자체가 불가능한 특성으로 인해 양자 암호는 절대적인 보안이 필요한 분야에서 큰 주목을 받으며 연구되고 있어. 국방이나 금융 분야가 대표적이지. 어떤 면에서 양자 암호와 이에 기반한 양자 암호 통신은 상용화에 가장 근접한 양자 기술이라 볼 수 있어. 보통 빛을 이용하

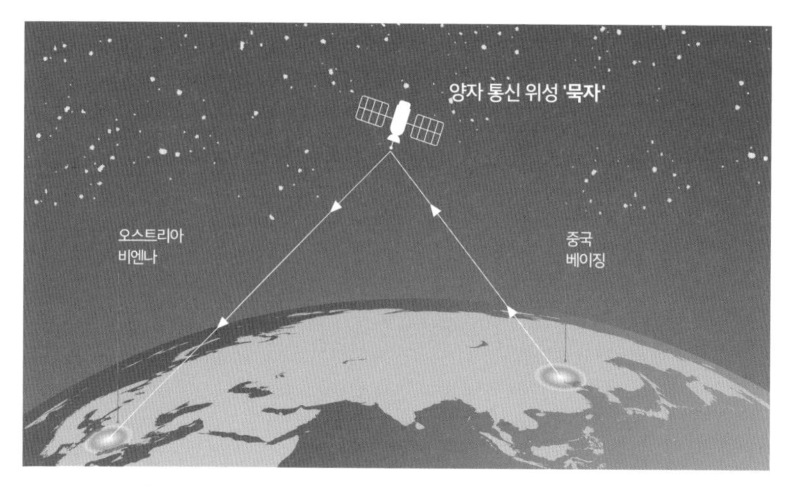

7,600킬로미터나 떨어진 오스트리아 비엔나와 중국 베이징에서
양자 통신 위성인 '묵자'를 이용한 양자 암호 통신으로
이미지와 신호를 주고받는 데 성공했다.

기 때문에 광통신을 활용해 통신을 하는데, 최초의 양자 전송 실험은 불과 30센티미터 정도의 거리에서 진행됐지만, 요즘은 수백 킬로미터 거리에서 통신을 하는 것도 가능해졌어. 심지어 2018년에는 중국과 오스트리아 과학자들이 중국이 쏘아 올린 양자 통신 위성을 활용해 7,600킬로미터를 사이에 두고 양자 암호 통신을 성공시켰어.

이런 양자 기술의 진보가 미래에 우리의 삶에 어떤 영향을 줄지 진지하게 고민해 볼 시점이 된 것 같아. 이를 위해서라도 우리는 양자 기술에 대해 더 잘 알아야 하고 말이야.

양자의 시대, 양자역학은 필수!

드디어 우리의 여행을 마무리할 시점이 왔구나. 책의 맨 처음에 내가 소개했던 '양자돌이'가 기억나니? 벽을 뚫고 지나가거나 심지어 벽 속에서 발견되던 미시 세계의 입자 말이야. 양자의 세계를 여행한 지금, 양자돌이의 이상한 행동 방식이 어느 정도 이해가 되었을지 모르겠구나. 양자돌이의 이 모든 모습은 전자와 같은 미시적 입자가 입자일 뿐만 아니라 파동이라는 것, 그것도 슈뢰딩거 방정식을 통해 구할 수 있는 아주 이상한 '양자 파동'이라는 것에서 비롯되는 거였지. 딱딱한 공이었다면 양자돌이의 행동이 이해되지 않겠지만 확률 파동이라 이름을 붙인 양자 파동이라면 벽을 통과할 확률도, 벽 속에 있을 확률도, 그리고 두 개의 구멍을 동시에 통과해서 간섭무늬를 만들 확률까지 갖고 있는 거야. 우리의 일상생활에서는 도저히 상상할 수 없는 일들이 눈에 보이지 않는 미시 세계에서는 끊임없이 벌어지고 있는 거지.

또한 미시 세계의 입자는 여러 상태가 한꺼번에 중첩되어 있을 수도 있다는 점, 게다가 여러 입자들이 서로 간에 얽힘을 통해 아무리 멀리 떨어져 있어도 순식간에 영향을 미칠 수 있다는 것도 알았어. 그런 중첩과 얽힘이야말로 양자 순간 이동, 양자 컴퓨터 등 최근 피어나기 시작한 양자 기술의 밑바탕이 된다는 것도 배웠지. 이런 면에서 이제 양자역학은 현대인들에게 어쩌면 선택이 아니라 필수적인 교양이 된 것 같아. 이공계를 희망하는 학생들이야 필수적으로 배우는 과목이지만, 인문사회 분야로 진출하는 사람들에게도 현대 문명의 발전과 현대 과학을 이해하기 위해서는 어느 정도 알아야 하는 주제가 된 거지. 그게 최근 양자역학을 주제로 한 각종 방송이나 도서, 유튜브 영상 등이 넘쳐나는 이유이기도 해.

하지만 주의할 점도 있어. SNS나 인터넷에 떠도는 양자역학 관련 정보들 중에는 틀린 내용이나 과장된 내용도 많아. 게다가 '양자 에너지'를 이용한다는 등 터무니없는 광고를 해대는 엉터리 상품도 어렵지 않게 발견할 수 있어.

나와 함께 양자의 세계를 살펴본 소감이 어땠니? 엄청 골치가 아팠다고? 그건 당연해. 심지어 과학자들조차 양자역학을 공부할 때 엄청나게 머리를 싸매고 공부해야 하거든. 그렇지만 이거 하나는 꼭 기억해 줘. 우리가 볼 수 있는 모든 사물, 생명체, 주변 사람들은 원자로 되어 있다는 것, 양자역학은 바로 이 원자를 이해하는 학문이라는 점 말이야. 원자를 포함한 미시 세계를 이해하는 건 바로 우리를 이해하는 과정이자, 원자들로 구성되어 있는 우주를 이해하는 과정이야. 우리 모두 언젠가는 죽음을 맞이할 수밖에 없고 원자로 흩어져 우주의 어느 별로 돌아갈 운명에 놓이게 되겠지. 양자역학은 바로 이 영겁의 과정을 이해하는 데 꼭 필요한 학문이라는 점을 명심하렴. 뭐? 대학에 들어가서 양자역학을 더 심도 깊게 공부하고 싶다고? 정말 좋은 생각이야. 지금부터 찬찬히 뒤에 추천한 책들을 미리 읽어 보면 도움이 많이 될 거야. 너의 도전을 힘차게 응원할게!

양자역학 일반에 대한 책

《과학하고 앉아있네 3, 4》 원종우 · 김상욱, 동아시아, 2015.

《김상욱의 양자 공부》 김상욱, 사이언스북스, 2017.

《냉장고를 여니 양자역학이 나왔다》 박재용, 엠아이디미디어, 2021.

《다이얼로그 물리학 4》 이공주복, 이화여자대학교출판문화원, 2022.

《양자 물리학은 신의 주사위 놀이인가》 장상현, 컬처룩, 2014.

《양자역학은 처음이지?》 곽영직, 북멘토, 2020.

《익숙한 일상의 낯선 양자 물리》 채드 오젤 지음, 하인해 옮김, 프리렉, 2019.

양자역학의 성립 역사에 대한 책

《닐스 보어》 짐 오타비아니, 푸른지식, 2015.

《불멸의 원자》 이강영, 사이언스북스, 2016.

《스핀》 이강영, 계단, 2018.

《양자혁명》 만지트 쿠마르 지음, 이덕환 옮김, 까치, 2014.

《퀀텀 스토리》 짐 배것 지음, 박병철 옮김, 반니, 2014.

《하이젠베르크의 양자역학, 불확정성의 과학을 열다》 이옥수, 작은길, 2016.

양자 컴퓨터에 대한 책

《처음 읽는 양자컴퓨터 이야기》 다케다 슌타로 지음, 전종훈 옮김, 플루토, 2021.

《퀀텀의 세계》 이순칠 지음, 해나무, 2021.

더 깊이 있는 책을 원한다면

《물리의 정석: 양자 역학 편》 레너드 서스킨드·아트 프리드먼 지음, 이종필 옮김, 사이언스북스, 2018.

《시인을 위한 양자물리학》 리언 M 레더먼·크리스토퍼 T 힐 지음, 전대호 옮김, 승산, 2013.

《일어날 일은 일어난다》 박권, 동아시아, 2021.

《파인만의 물리학 강의 3》 리처드 필립 파인만 지음, 정재승 옮김, 승산, 2009.